气候变

政治博弈与环境危机

Global Climate Change:
Political Game and Environmental Crisis

杨德伟 著

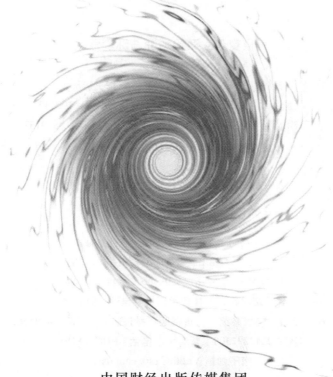

中国财经出版传媒集团

经济科学出版社
Economic Science Press

图书在版编目（CIP）数据

气候变化：政治博弈与环境危机/杨德伟著．－－
北京：经济科学出版社，2022.12
ISBN 978 - 7 - 5218 - 4399 - 6

Ⅰ.①气…　Ⅱ.①杨　Ⅲ.①气候变化 - 研究　Ⅳ.
①P467

中国版本图书馆 CIP 数据核字（2022）第 240119 号

责任编辑：孙怡虹　魏　岚
责任校对：刘　昕
责任印制：张佳裕

气候变化：政治博弈与环境危机
杨德伟　著
经济科学出版社出版、发行　新华书店经销
社址：北京市海淀区阜成路甲 28 号　邮编：100142
总编部电话：010 - 88191217　发行部电话：010 - 88191522
网址：www. esp. com. cn
电子邮箱：esp@ esp. com. cn
天猫网店：经济科学出版社旗舰店
网址：http：//jjkxcbs. tmall. com
北京季蜂印刷有限公司印装
710 × 1000　16 开　14. 25 印张　187000 字
2022 年 12 月第 1 版　2022 年 12 月第 1 次印刷
ISBN 978 - 7 - 5218 - 4399 - 6　定价：68. 00 元
（图书出现印装问题，本社负责调换。电话：010 - 88191545）
（版权所有　侵权必究　打击盗版　举报热线：010 - 88191661
QQ：2242791300　营销中心电话：010 - 88191537
电子邮箱：dbts@ esp. com. cn）

前　言

　　气候变化已成为全球政界、学术界和公众关注的焦点。2018年，诺贝尔经济学奖被授予两名经济学家，以表彰他们"在气候变化经济学领域和技术创新经济学领域的贡献"。2021年，诺贝尔物理学奖的一半被授予两位气候学家，以表彰其"对地球气候的物理建模、量化变化和可靠地预测全球变暖"。《巴黎协定》和《格拉斯哥气候公约》的各缔约方承诺，在工业化前水平上，要把全球平均气温升幅控制在2℃以内，并努力限制在1.5℃以内。可以看出，围绕全球气候进行的科学研究和政治决策，正在并将在未来深远影响国际议事日程。

　　根据《联合国气候变化框架公约》（UNFCCC）给出的定义，气候变化是指"经过相当一段时间的观察，在自然气候变化之外由人类活动直接或间接地改变全球大气组成所导致的气候改变"。这个定义将人类活动加剧的"气候变化"与自然归因的"气候变率"区分开来。当前的全球气候变化，主要是工业革命以来，由人类活动所导致的以全球变暖为主要特征的气候变化。实际上，历史时期的自然气候变化对人类文明演化和政治经济活动也产生了深远的影响。

气候变化对人类家园的威胁是前所未有的。政府间气候变化委员会（IPCC）从 1990 年起已发布了六次气候变化评估报告，为 UNFCCC 的气候谈判提供了可靠的依据。围绕发展权和碳排放权，发展中国家和发达国家在气候谈判中不断进行着政治博弈。"共同但有区别的责任"，是全球气候治理的基石。应对气候变化，推动联合国 2030 年可持续发展议程，将是人类第一次真正意义上的全球合作。未来，共建人与自然生命共同体，保护地球家园，是人类努力的共同目标。

气候变化正影响着人类生产生活的方方面面。然而，公众看到了极端的气温降雨、冰冻圈的消融、海岛家园被淹没、贸易供应链危机等现象，却不了解其背后的气候变化历史、演变规律和全球联系，缺乏气候变化相关的基础知识和科学认知。因此，让普通民众、在校学生、专业研究人员、规划者、政府决策者、环保人士等充分了解气候变化的历史、现在和未来，形成基于气候相关知识的行动力，无疑有助于应对气候变化，共建人类美好的家园。

本书是在我讲授的全校通识课《气候变化：政治博弈还是环境危机》的基础上编著而成的。全书从国际大视野和人类家国情怀视角，讲述了气候变化相关的基础科学背景、理论、方法和实践等知识，对气候变化的历史演变过程、当前的政治博弈和未来发展趋势展开了详细论述。全书共分为十章，主要内容包括：气候变化的基本概念和论断；气候变化的基本原理和预估；气候变化的历史轮回；气候变化的政治博弈；气候变化的影响和脆弱性；气候变化的焦点和争论；应对气候变化的承诺和行动；气候变化的减缓和适应；气候变化重塑国际格局；气候变化的未来蓝图。本书融汇多学科交叉视角，力图将历史、政治、经济、文化等方面的翔实数据融于气候变化理论、方法和实践的阐释中，达到科学性、专业性和趣味性的统一，可为高等院校的专业类、通识类课程提供参考。

本书由杨德伟策划和编著。撰写过程中，以下研究人员参与了资料收集和整理：第一章，万敏、陈妮；第二章，罗彦云、陈妮；第三章，孟海珊、王云轩；第四章，孟海珊、姚凯；第五章，郭瑞芳、万敏、王蕾；第六章，姚凯、万敏；第七章，周天、李涵钰；第八章，杨德响；第九章，杨德伟、张帅；第十章，杨德伟、张帅、郭瑞芳、孟海珊、李涵钰。本书得到了国家自然科学基金面上项目（42171280）和中央高校基本科研业务费专项（SWU019024）资助，特此致谢。特别感谢经济科学出版社给予的支持。特别感谢徐伟女士和严晓雪女士给予出版过程的帮助。

编者首次编著本书，涉及气候变化的数据资料来源广泛，加之水平有限，难免有错误和疏漏之处，望各位读者和学界同仁不吝批评指正。

重庆，缙云山麓
2022 年 6 月 23 日

目　录

第一章

气候变化的基本概念和论断

　　了解气候变化的基本概念、历史起源和科学事实，是应对全球气候变化挑战的前提。本章在明确气候变化相关概念的基础上，追溯了气候变化的研究起源，介绍了联合国政府间气候变化委员会（Intergovernmental Panel on Climate Change，IPCC）第六次气候变化工作报告的关键研究结论。

第一节　气候变化的基本概念

　　2009 年哥本哈根气候峰会召开后，气候变化的研究和政治讨论逐渐成为全球热点，人们对气候变化知识的了解也开始逐步深化。根据《联合国气候变化框架公约》（United Nations Framework Convention on Climate Change，UNFCCC）的定义，气候变化是指经过相当一段时间的观察，在自然气候变化之外由人类活动直接或间接地改变全球大气组成所导致的气候改变。该定义将因人类活动而改变大气组成的"气候变化"与归因于自然原因的"气候变率"区分开来，这也是气候变化的基本认知。

当前的气候变化主要是工业革命以来，人类对传统能源的过度消费和土地利用活动增强所导致的。人类活动向外界排放的温室气体，如二氧化碳（CO_2）、甲烷（CH_4）、氧化亚氮（N_2O）、氢氟碳化物（HFCs）、全氟碳化物（PFCs）和六氟化硫（SF_6）等，是导致气候变暖的主要原因。为减轻气候变化的影响，各国都在通过各种手段减少温室气体的排放，根据国家自主贡献（nationally determined contributions，NDCs）的目标，各国纷纷提出了碳达峰、碳中和的时间目标。所谓碳达峰，是指一个经济体（地区）CO_2的排放量在某个时间点达到峰值，之后逐步回落。核心是碳排放增速持续降低直至负增长。根据 IPCC 的定义，当一个组织在一定时间内的 CO_2 排放通过 CO_2 去除技术应用达到平衡，就是碳中和或净零 CO_2 排放（IPCC，2018）。换句话说，碳中和是指在一定时间内直接或间接产生的温室气体排放总量，通过植树造林、节能减排等形式，以抵消自身产生的 CO_2 排放量，实现温室气体"净零排放"。当前，美国、德国、英国、法国等多数西方发达国家已经实现了碳达峰，并将于 2050 年前后实现碳中和。2020 年，我国也提出了"2030 年前实现碳达峰，2060 年前实现碳中和"的目标，即"碳达峰碳中和"目标。

为尽快实现碳中和，迫切需要控制和减少碳源，提升碳汇能力。碳源是指向大气中释放碳的过程、活动或机制。自然界中碳源主要是海洋、土壤、岩石与生物体，另外工业生产、生活等都会产生 CO_2 等温室气体，这也是主要的碳排放源。这些碳中的一部分累积在大气圈中，引起温室气体浓度升高，打破了大气圈原有的热平衡，影响了全球气候变化。而碳汇则是指通过植树造林、碳捕集、利用与封存等措施，吸收大气中的 CO_2，进而实现"净零排放"的目标。

第二节　气候变化的研究起源

对全球变化的认知经历了漫长的科学研究阶段。多学科背景的科学家们通过仪器观测、数据集成、模拟计算等手段，深入认识了地球气候系统。这些努力使得地球气候系统及气候变暖成为人类关注的焦点，并逐步进入政治舞台中央。

一、全球变暖的科学基础

气候变化记录至少可以追溯到 3000 年前。竺可桢先生曾援引《左传》和《诗经》中的物候资料来证实气候变迁，但对其科学原理的认知却直到 19 世纪才逐渐成熟。法国数学家傅立叶奠定了地表温度研究基础，认为"大气的介入可以增加地表温度，因为阳光的热量在穿过空气时遇到的阻力要比在转化为不发光的热红外辐射时遇到的阻力小"，这被认为是大气温室效应的来源。到 20 世纪五六十年代，随着物理学对气体分子结构及其吸收谱的理解、气象学对大气基本结构和运动的了解以及计算机科学中第一台计算机的诞生，日裔美国科学家真锅淑郎（Syukuro Manabe）等人在普林斯顿大学用理论模型首次模拟出较为真实的地球系统辐射平衡，为全球变暖的提出奠定了理论基础（Manabe & Wetherald，1967）。他们所构建的模型也是现代气候模型的基础，被广泛应用于气候模拟和情景预估。

1856 年，美国科学家尤妮丝·富特（Eunice Foote）利用阳光实验证明："如果某一时期地球大气中 CO_2 所占的比例增加，全球的气温也会随之升高"，CO_2 的吸热特点与全球气候变化被联系起来。1859 年，现代气候科学的先驱，爱尔兰物理学家约翰·丁达尔（John Tyndall）发现大气温室效应是由含量很少的水汽和 CO_2 贡献的，而主要成分氧气、氮气并不会造成温室效应，但限于科学技术发展水平，丁达尔还无法定量计算温室效应。1896 年，斯威特·阿伦尼乌斯（Svante Arrhenius）利用月光的观测数据，计算了大气中水汽和 CO_2 对红外光的吸收特性。考虑水汽和冰—雪反照率的正反馈后，阿伦尼乌斯首次提出了"CO_2 浓度增加一倍，全球温度将升高 6℃"的观点。1938 年，英国工程师盖伊·卡伦达（Guy Stewart Callendar）发表了全球 147 个气象站的直接观测数据，详细介绍了大气 CO_2 的累积速率、水汽和 CO_2 对红外线的吸收、CO_2 对大气逆辐射的影响、大气逆辐射及其与温度的关系（Callendar, 1938）。观测数据明确揭示，自 1880 年以来，CO_2 浓度增加导致地球以每年 0.005℃ 的速度变暖。

二、气候变化登上政治舞台

1945 年第二次世界大战结束，世界范围内的工业化导致 CO_2 排放量快速增加，1958 年 CO_2 排放量几乎是 1945 年的 2 倍。但是，全球温度在这 10 余年间却略有降低（Mitchell et al., 1961），这迫使气候学家不得不去考虑新的反馈机制。

同一时期，美国学者花了 6 年时间从格陵兰岛西北部的世纪营（Camp Century）获得了第一根透底冰芯。研究者注意到，冰芯记录

中，气候由暖向冷的转变"短得惊人"：末次冰期的开始只花了 100
年左右（Dansgaard et al.，1972）。1972 年，42 位学者在布朗大学
召开研讨会，聚焦"间冰期何时以及怎样结束"。他们回顾了古气
候的研究进展，初步达成共识：当下的暖期可能在数百年内以快速
降温宣告结束；现有数据不足以预测冰期到来的时间和评估人类活
动的影响（Kukla & Matthews，1972）。

　　1972 年 12 月，哥伦比亚大学拉蒙特 – 道尔提地球观测台台长
乔治·库克拉（George Kukla）和布朗大学地质系主任罗伯特·马
修斯（Robert Matthews）以会议纪要为蓝本，联名致信时任美国总
统尼克松，倡议进行气候变化研究。1974 年 8 月美国商务部负责组
建气候变化委员会，美国海洋和大气管理局局长兼任委员会主席。
在气候变化研究历史中，这封信的影响力是绝无仅有的，它促使气
候变化登上了美国乃至全球的政治舞台，成为全球性环境政治的重
大议题。

三、应对气候变化蓄势待发

　　海洋地球化学家华莱士·布劳科（Wallace Broecker）冷静地审
阅了世纪营冰芯数据，他注意到，在过去的 1000 年中，世纪营冰芯
的温度变化存 80 年和 180 年周期，1945 年开始的降温可能是温
度自然波动的一部分。他还利用数值模拟评估了实测 CO_2 增量对温
度的影响，并按 3% 的化石燃料增长速度预测了未来温度的变化。
1975 年 8 月，华莱士·布劳科在论文中断言，自然降温已经被人为
排放 CO_2 的温室效应所抵消，降温的趋势将在 20 世纪 80 年代停
止。到 21 世纪初，CO_2 将主导全球温度变化，人类将经历过去
1000 年里从未有过的温暖气候。全球温度一路走高，到 2015 年，

温度曲线几乎完美契合了华莱士·布劳科论文的预测。他的论文标题是 "Climatic change: are we on the brink of a pronounced global warming?（气候变化：我们是否处于明显的全球变暖边缘?）"，这被认为是"全球变暖"作为科学术语诞生的标志，后被广泛传播（Broecker，1975）。

全球变暖（global warming）作为科学术语首次出现后，1976年，苏联著名气象学家、物理气候学先驱米哈伊尔·布迪科（Mikhail Budyko）声称，"全球已经开始变暖"。1979年，美国国家科学院发表了由朱尔·查尼（Jule Charney）领衔发布的科学报告《二氧化碳和气候：科学评估》（Carbon Dioxide and Climate: A Scientific Assessment），肯定了人为 CO_2 排放是导致升温的原因这一结论。这份包括附录在内只有22页的报告首开气候评估先河。1986年，"全球变暖"科学术语诞生仅仅十年，不同团队集成的数据显示，过去十年是有器测记录以来最热的十年。正如美国科学史家斯宾塞·沃特（Spencer Weart）所说："谁发现了全球变暖？不是一个人，而是很多个科学团体。他们的成就不仅是积累数据进行计算，而且把数据联系在一起，这显然是一个社会过程，这一过程非常复杂非常重要"。

应对以全球变暖为主要特征的气候变化迫在眉睫。世界气象组织和联合国环境规划署于1988年成立了 IPCC，试图为决策者提供有关气候变化的严格而均衡的科学信息。1992年至今，IPCC 先后发布了六次气候变化评估报告，报告中使用"全球变暖"描述与温室气体浓度增加有关的地球升温，用"气候变化"表述更广泛的气候响应。

第三节　气候变化的基本论断

一、气候变化评估报告

自从 1988 年成立后，IPCC 一直在尝试用通俗易懂的语言来报告主流科学对于气候变化的认识与结论。回溯全球气候治理历程，不论是 UNFCCC、《京都议定书》，还是 "巴厘岛路线图"、《巴黎协定》，IPCC 发布的每一次报告都起到了重要的鞭策和推动作用。图 1-1 显示了 IPCC 发布的六次气候变化评估报告及其主要结论。

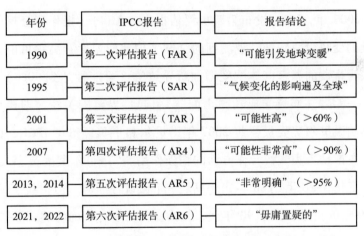

年份	IPCC报告	报告结论
1990	第一次评估报告（FAR）	"可能引发地球变暖"
1995	第二次评估报告（SAR）	"气候变化的影响遍及全球"
2001	第三次评估报告（TAR）	"可能性高"（＞60%）
2007	第四次评估报告（AR4）	"可能性非常高"（＞90%）
2013，2014	第五次评估报告（AR5）	"非常明确"（＞95%）
2021，2022	第六次评估报告（AR6）	"毋庸置疑的"

图 1-1　IPCC 发布的六次气候变化评估报告及其主要结论

1990 年，IPCC 发布第一次评估报告（FAR），确认了气候变化的科学依据。这份报告指出，过去一个世纪内，全球平均地表温度

7

上升了 0.3～0.6℃，海平面及大气中温室气体浓度也均有不同程度的上升。这份报告里的主要发现推动了 UNFCCC 的制定与通过，开启了全球应对气候变化的国际治理进程。

1995 年，IPCC 发布的第二次评估报告（SAR）指出，CO_2 排放是人为导致气候变化的最重要因素，并表示气候变化将带来许多不可逆转的影响。这份报告有力地促进了《京都议定书》的通过，《京都议定书》是人类历史上第一个具有法律约束力的减排文件，尽管它的生效和实施过程十分曲折，但对全球气候治理的贡献是难以磨灭的。

2001 年，IPCC 发布第三次评估报告（TAR），报告明确将观测到的地表温度上升归因于人类活动，称由人类活动引起气候变化的可能性为 66%，并预测未来全球平均气温将继续上升，几乎所有地区都可能面临更多热浪天气的侵袭。

2007 年，IPCC 发布第四次评估报告（AR4），报告称全球气候系统的变暖毋庸置疑，观测到的全球平均地面温度升高很可能是由于人为排放的温室气体浓度增加所导致的（可能性达到 90%）。就在这一年，气候科学成功"出圈"，引起世界范围关注。瑞典皇家科学院诺贝尔奖委员会将 2007 年诺贝尔和平奖颁给了 IPCC，以表彰其在推动人类气候合作方面的积极作用。[1] 诺贝尔奖委员会表示，气候变化在 20 世纪 80 年代还只是一个假设性问题，但得益于 IPCC 近 20 年的贡献，到了 90 年代，气候变化已经有了确切的科学依据，并在全球建立起了人类活动与气候变化有关的广泛共识。

2013 年和 2014 年，IPCC 第五次评估报告（AR5）发布，这次

---

[1]　同时获奖的有美国前副总统戈尔。

评估报告以更全面的数据凸显了应对气候变化的紧迫性。在第五次评估报告的第一工作组报告中指出，人类活动"极有可能"（95%以上可能性）导致了20世纪50年代以来的大部分（50%以上）全球地表平均气温的升高。这份评估报告为《巴黎协定》的制定提供了主要的科学支撑。巴黎气候大会（COP21）决议要求《巴黎协定》特设工作组将 IPCC 第五次评估报告作为参考来源以确定全球盘点所需的信息，并要求各缔约国依据 IPCC 的方法学及指标来核算各国的温室气体减排力度。

2021 年和 2022 年，IPCC 发布了第六次评估报告（AR6），这份长达 4000 页的里程碑式报告强有力地揭示了一个不容忽视的事实——气候危机正在进一步加剧，全球变暖已经不可避免。该次报告代表了全球科学界对目前气候变化的最权威的认识。联合国秘书长古特雷斯将该报告称为"全人类的红色警报"。

二、气候变化的论断

2021 年 8 月 9 日，IPCC 在发布的第六次评估报告（AR6）《气候变化 2021：自然科学基础》（IPCC，2021）中，用前所未有的四个关键词确定了气候变化的科学事实，分别是：unequivocal（毋庸置疑的）、unprecedented（史无前例的）、extreme（极端的）、irreversible（不可逆的）。报告的目的是解决"可持续发展背景下气候行动的挑战，特别关注气候变化的影响、适应和脆弱性"。报告中警告：全球减缓和适应气候变化的行动刻不容缓，任何延迟都将关上机会之窗，让人们的未来变得不再宜居，不再具有可持续性。

（一）毋庸置疑的（unequivocal）

人类活动改变了全球气温缓慢变化的趋势，已经使大气、海洋和陆地变暖的事实是毋庸置疑的。大气、海洋、冰冻圈和生物圈发生了广泛而迅速的变化。1750 年以来，温室气体浓度的增加主要是由人类活动造成的。1850 年以来，1980～2020 年间这四个十年的温度都高于过去任何一个十年。图 1-2 显示了近 2000 年以来的全球地表温度变化，表明 1850 年以来是全球最暖的时期。从 1850～1900 年到 2010～2019 年，人为造成的全球地表温度升高的可能范围为 0.8～1.3℃，最佳估计值为 1.07℃（IPCC，2021）。从图 1-3 中可以看出，1850 年以来，人类活动正加速气候系统的自然演变进程，对气候变暖的贡献持续增强。1750～2011 年，约一半的人为 CO_2 排放是在最后 40 年间产生的（IPCC，2015）。1951～2020 年，全球升高的平均表面温度的 50% 以上是由人为增加和其他人为强迫的温室气体浓度增加导致的（IPCC，2015）。

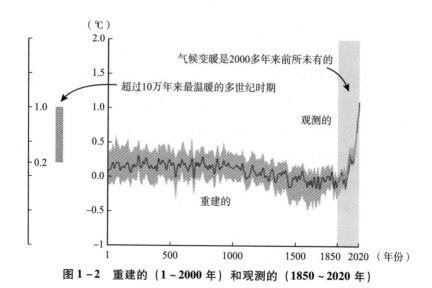

图 1-2　重建的（1～2000 年）和观测的（1850～2020 年）

十年平均全球地表温度变化

资料来源：IPCC（2021）.

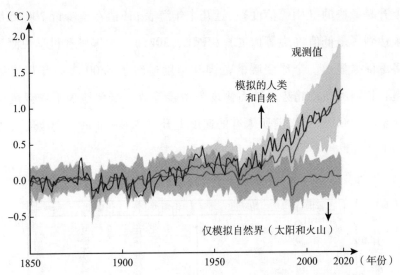

图 1 - 3　1850~2020 年运用自然人为因素和纯自然因素观测和
模拟的全球地表温度（年平均）变化

资料来源：IPCC（2021）.

（二）史无前例的（unprecedented）

　　整个气候系统最近变化的规模以及气候系统许多方面的现状，在数百年到数千年中是史无前例的。2019 年，大气中的 CO_2 浓度高于至少 200 万年来的任何时间（高信度），CH_4 和 N_2O 的浓度也达到了至少 80 万年以来的最高点（非常高信度）。自 1970 年以来，全球地表温度的上升速度比过去 2000 年中任何其他 50 年时期都要快（高信度）；2011~2020 年，北极年平均海冰面积达到了至少是自 1850 年以来的最低水平（高信度）；自 20 世纪 50 年代以来世界上几乎所有冰川同步退缩，至少在过去 2000 年中是前所未有的（中等信度）；1900 年以来全球海平面上升幅度在至少近 3000 年来是最快的（高信度）；20 世纪全球海洋增暖速度在至少 1.1 万年来上升是最快的（中等信度）；近几十年海表 pH 值在至少近 200 万年来达到了最低值（中等信度）（IPCC，2021）。古气候和科学观测等多重证据显示，全球变暖的范围和速度逆转了 6500 多万年以来缓慢、长期的变冷趋势，转而体现为增暖趋势，全球地表平均温度将在至少 2000 年里以前所未有的速度上升（Burke et al.，2018）（见图 1-4）。

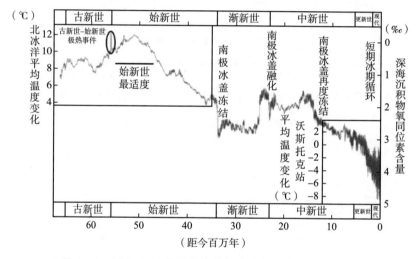

图 1-4 过去 6500 多万年来的温度变化和未来气候趋势

资料来源：Burke et al.（2018）.

（三）极端的（extreme）

人类活动引发的气候变化已经在影响全球所发生的极端天气与极端气候事件，包括热浪、强降水、干旱、热带气旋等。20 世纪 50 年代以来，大多数陆地地区的极端炎热天气（包括热浪）变得更加频繁和强烈，而极端寒冷天气（包括寒潮）则变得不那么频繁和严重。在观测数据满足分析的大部分陆地区域，强降水事件的频率和强度有所增加。1980～2020 年，全球主要热带气旋发生的比例可能有所增加。在所有排放情景下，至少到 21 世纪中叶，全球地表温度将继续升高，除非在未来大幅减少 CO_2 和其他温室气体排放，否则21 世纪升温将超过 1.5℃ 或 2℃。

（四）不可逆的（irreversible）

由于过去及未来即将发生的温室气体排放而造成的许多变化，特别是海洋、冰川和海平面的变化，在未来几个世纪到上千年内都不可逆转。这些不可逆事件将给地球上的生态系统和人类系统带来前所未有的影响，见表 1-1。

表 1-1　　　全球气候变化导致的不可逆事件及不可逆时间

序号	不可逆事件	信度水平	不可逆时间
1	全球海洋温度	非常高信度	百年到千年
2	深海酸化	非常高信度	百年到千年
3	脱氧	中等信度	百年到千年
4	由于深海持续变暖和冰盖融化，海平面将继续上升，冻土层和山地冰川等融化	高信度	数百年至数千年
5	如果升温 1.5℃，全球平均海平面将上升约 2～3 米；如果升温 2℃，全球平均海平面将上升 2～6 米；如果升温 5℃，全球平均海平面将上升 19～22 米	高信度	未来 2000 年
6	永久冻土融化后永久冻土碳的损失	高信度	百年
7	山地和极地冰川将继续融化	非常高信度	数十年或数百年

注：信度水平分为五个等级：很低、低、中等、高和非常高。
资料来源：IPCC（2021）.

三、中国的气候变化形势

2021 年发布的《中国气候变化蓝皮书》表明，中国气候变化与全球气候变化呈现了同样的升温趋势（中国气象局气候变化中心，2021）。2020 年，全球平均温度较工业化前水平（1850～1900 年平均值）高出 1.2℃，是有完整气象观测记录以来的三个最暖年份之一。1951～2020 年，中国地表年平均气温呈显著上升趋势，升温速率为 0.26℃每 10 年，明显高于同期全球平均水平（0.15℃每 10 年），见图 1－5。21 世纪的最初 20 年是 20 世纪初以来的最暖时期，1901 年以来的 10 个最暖年份中，除 1998 年之外，其余 9 个均出现在 21 世纪。

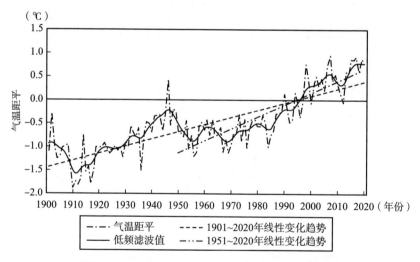

图 1－5　1901～2020 年中国地表年平均气温变化

资料来源：中国气象局气候变化中心（2021）。

1961～2020 年，中国年平均降水量呈增加趋势，平均每 10 年增加 5.1 毫米。降水变化区域间差异明显。年平均降水日数呈显著减少趋势，而年累计暴雨站日数呈增加趋势。20 世纪八九十年代中国平均年降水量以偏多为主，21 世纪最初 10 年总体偏少，2012 年以来降水持续偏多。1961～2020 年，东北中北部、江淮至江南大部、青藏高原中北部、西北中部和西部年降水量呈明显增加趋势；而东北南部、华北东南部、黄淮大部、西南地区东部和南部、西北地区东南部年降水量呈减少趋势。

高温、强降水等极端事件增多增强，中国气候风险水平趋于上升。中国极端强降水事件呈增多趋势，极端低温事件减少，极端高温事件自 20 世纪 90 年代中期以来明显增多。1961～2020 年，中国气候风险指数呈升高趋势；1991～2020 年，中国气候风险指数平均值（6.8）较 1961～1990 年平均值（4.3）增加了约 58%（中国气象局气候变化中心，2021）。

第二章

气候变化的基本原理和预估

了解气候变化的科学原理、预估方法及未来情景，是应对和研究气候变化的基础。本章阐述了气候变化的科学原理，重点介绍了气候模式、气候变化预估方法和共享经济路径情景，预估了不同情景下未来气候的变化及其差异。

第一节 气候变化的基本原理

一、地球系统能量平衡

气候系统运作的主要能量来源是太阳，地球吸收来自太阳的短波辐射，这些能量驱动了大气和海洋环流，促成了光合作用，推动了地球的水分和物质循环。在吸收太阳辐射的同时，地球也在向太空中辐射热能（主要为长波辐射），从而使地球系统吸收和辐射能量基本保持一致，这就是地球系统的能量平衡（Trenberth et al.，2014）。地球系统的能量平衡使气候系统维持了较为稳定的状态，避免了系统性变冷或变热现象的出现。

维持地球系统的能量平衡离不开大气中的温室气体，温室气体能够强烈地吸收地面释放出的长波辐射，像"棉被"一样保持地球系统的能量，使近地表附近成为一个温暖的环境。目前全球地表平均温度约为15℃，如果没有温室气体，地表温度可能比现在低约30℃。这种"保温"的效应被称为"温室效应"。大气中发挥温室作用的气体称为温室气体。

二、被打破的地球能量平衡

地球经过了长期的演化，形成了较为稳定的大气成分。近80万年以来，大气中的CO_2仅在170~300ppm之间波动（见图2-1）。该波动主要受到地球轨道变动的影响：轨道变动导致地球接收的太阳辐射发生微小变化，改变了大气和海洋温度。由于CO_2在海洋中的溶解度与海水温度密切相关，因此CO_2在大气和海洋中分配的动态平衡也不断发生变化，海洋或从大气吸收CO_2，或向大气释放CO_2。由于温室效应的存在，大气中CO_2的增减会对地表温度产生提升或降低的作用，大气和海洋温度因此被进一步改变，大气和海洋中CO_2的浓度也会相应发生变化，如此循环直到达到新的平衡状态。

工业革命前（约1750~1850年），全球平均的CO_2浓度仅为约280ppm（IPCC，2021），在这之后，大量化石燃料和有机质的燃烧造成大气中温室气体的浓度不断上升。2019年5月，大气中的CO_2浓度超过415ppm，比工业革命前增加了约48%（IPCC，2021）。这种增加的幅度和速率，至少在地球近80万年的历史中是前所未有的（IPCC，2021）。以化石燃料为代表的工业革命，极大地丰富了生产力，推动了人类社会进入历史上最为快速的发展阶段，但也不可逆转地改变了大气成分，改变了地球环境。

以 CO_2 为代表的温室气体浓度增加使得地球系统的"保温"能力越来越强，向外释放的长波辐射不断减少，然而太阳辐射在百余年间变动不大，这就导致了地球系统的能量平衡被打破，造成地球系统摄入净能量，结果就是地球的平均温度变得越来越高。

地球系统的能量失衡驱使气候系统进行了调整，以达到新的平衡。这种调整过程涉及很多气候要素的反馈和调整。最直接的反馈为全球地表平均温度上升（见图 2-1），因为温度较高的物体释放的长波辐射更强，可以将过剩的辐射释放出地球，这个过程使得能量失衡现象得到了缓解（负反馈）。

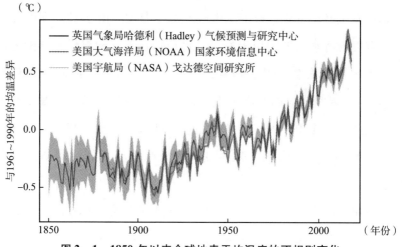

图 2-1　1850 年以来全球地表平均温度的不规则变化

资料来源：英国气象局。

其余的反馈包括：更暖的地表加剧了水分蒸发，使得大气中水汽含量增加，由于水汽也是主要温室气体，会加剧"保温"效应，进而加剧能量失衡（正反馈）。此外，地球能量增加会导致冰川和冰盖融化。由于冰雪表面近乎白色，就像镜面一样，能比普通陆地和海洋表面更有效率地将太阳辐射能量反射到太空中，一旦冰雪开始消融，地球反射的能量将减少，吸收的太阳辐射将增多，就会加剧气候系统的能量失衡（正反馈）。另外，由于海洋比热容比空气和土地大，其储热能力是陆地和空气的上千倍。因此，体量庞大的海洋吸收了绝大多数地球系统接收的净能量，使得海洋变暖，而较暖的海洋吸收 CO_2 能力减弱，从而会加剧能量失衡（正反馈）。

第二节　气候模式和预估方法

未来气候变化是否会对生态系统和人类社会造成更严重的后果，已成为科学家、公众和决策者共同关注的问题。人类社会经济发展路径、政府政策干预程度以及人类自身的环境意识，都会对未来温室气体排放情景产生影响，进而影响到未来的气候变化。为此，国际上在假设未来社会经济可能发展途径的基础上，定量估计了未来温室气体的排放情景，并借助各种不同的气候系统模式对未来不同排放情景下的气候变化趋势及其影响进行了预估，进而为提出适应对策提供了科学依据。鉴于地球气候系统的复杂性，现阶段人类的理解程度有限，因此国际上各种不同复杂程度的气候模式亦存在较大的不确定性。而且，对未来社会经济发展和温室气体排放情景的估计也并不准确，使得未来气候变化趋势的估计存有较大不确定性，其中区域气候变化情景及其预估中的不确定性更大。然而，目前来看，气候情景和气候系统模式仍然是预测未来气候变化不可替代的途径。

一、气候模式

（一）气候模式的表达

气候模式是定量研究气候演变规律、预测或预估未来气候变化的重要工具。要理解何为气候系统模式，首先要理解什么是气候系统。气候系统是由大气圈、水圈、岩石圈、冰冻圈、生物圈五大圈层所组成的高度复杂的系统，内部各圈层之间的相互影响涉及不同介质和不同尺度间的相互作用和物质交换，涉及其中的相变过程、物理和化学过程以及不同尺度的反馈过程等。气候系统随时间演变的过程还受到外部强迫的影响，如火山爆发、太阳活动等，以及人为强迫的影响，如不断变化的大气成分和土地利用。

气候系统模式是对上述气候系统的一种数学表达方式，人们可以借助巨型计算机对涉及的复杂演变过程进行定量的、长时间的、大数据量的运算，进而把握气候系统的演变过程、模拟外部强迫变化和人类活动的影响以及预测未来气候变化趋势。

气候系统的数学表达是建立在气候系统各部分的物理、化学和生物学性质及其已知的相互作用和反馈过程基础上的（见图2-2）。气候系统模式的复杂性等同于气候系统的复杂性，气候系统模式的准确性取决于气候系统数学表述的正确性，取决于人类对气候系统各圈层物理、化学和生物学性质及其相互作用和反馈过程认识的准确性，同时也受到数学表述方法是否有效以及计算机能力等技术条件限制的影响。

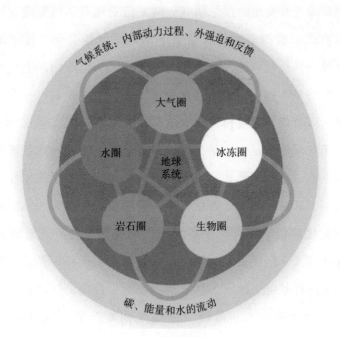

图 2 - 2 气候系统示意

资料来源：周天军等（2022）。

（二）气候模式的发展

1967 年，真锅淑郎（Syukuro Manabe）和理查德·韦瑟尔德（Richard Wetherald）在《大气科学杂志》上发表了一篇影响深远的气候科学论文《给定相对湿度分布的大气热平衡》，两位作者基本终结了关于 CO_2 是否导致了全球变暖的辩论，并建立了一个数学上可靠并首次产生物理真实结果的气候模式。他们用辐射强迫（一种人类或自然变化导致地球能量平衡变化的量值）来理解气候变化的历史原因。这份研究衍生出了现代气候模式的发展，对气候变化领域作出了重要贡献，为此，真锅淑郎被授予 2021 年诺贝尔物理学奖。

现阶段气候变化的预估研究，均是借助现有不同复杂程度的地球气候模式来模拟不同排放情景下的未来气候变化。程序的模块化、计算的并行化和输入输出的标准化已成为当今国际上气候系统模式发展的基本特点。根据复杂程度不同，气候模式可分为简单气候模式、耦合气候系统模式以及中等复杂程度的地球系统模式。其中，简单气候模式是在大量参数化的基础上，研究地球系统某一特定过程气候敏感性的模式。由于简单气候模式的高度简单性和高效计算能力，其常常与综合评估模型一起用于分析温室气体减排成本和气候变化响应。耦合气候系统模式则包括了发展成熟的大气模式、海洋模式、陆面模式，甚至包括海冰和碳循环等模式。该模式用于研究海洋状况、冰雪过程、土壤温湿等在内的气候系统变化规律，是目前研究大气、海洋及陆地之间复杂的相互作用的主要工具。

IPCC 第三次评估报告指出，耦合气候系统模式能够提供可信的当前气候年平均状况和气候季节循环模拟结果。虽然耦合气候系统模式在云和水汽的反馈方面还有许多不确定性，但它对未来气候变化预估的可信度在不断提高。因而，IPCC 历次报告主要采用耦合气候系统模式结果评估气候变化，如 IPCC 第四次报告中除了采用一个简单气候模式和少数中等复杂程度的地球系统模式外，评估结果均来自国际上最具影响力的美国国家大气研究中心、英国哈德利气候预测与研究中心和德国马普试验室等在内的全球海气耦合模式（AOGCMs）。我国大气环流模式和海洋环流模式研究始自 20 世纪 80 年代初，到 90 年代开始研制海气耦合模式。我国海气耦合模式模拟的 CO_2 增加情景下未来全球气候变化研究成果，先后被 IPCC 的四次评估报告所引用。

（三）国际耦合气候模式比较计划（CMIP）

在世界各国科学家的共同努力下，气候模式有了长足的发展，并得到了广泛的应用，但气候模式的可靠性一直存有争议。为此，世界气候变化研究计划（WCRP）耦合模拟工作组制定了一系列国际耦合气候模式比较计划（coupled model intercomparison project，CMIP），为各国科学家分析研究全球和区域气候变化、改进模式的模拟效果提供了坚实的基础和有利的条件。国际耦合气候模式比较计划自 1995 年以来已经组织了 6 次（AMIP，CMIP1，CMIP2，CMIP3，CMIP4，CMIP5），在制定气候模式试验和模式检验标准、统一数据格式、规范数据共享国际机制等方面发挥了不可替代的作用。CMIP 数据被广泛应用于国际气候研究，支撑 IPCC 评估报告的编写和气候变化谈判活动。

据统计，参加 CMIP1 的模式有 10 个，CMIP2 有 18 个，CMIP3 有 23 个，CMIP4 属于 CMIP3 和 CMIP5 之间的过渡计划，影响较小。随着国际合作的加强，参与该计划的团队规模仍在不断扩大，CMIP5 共有来自 20 个研究团队的 40 余个模式版本，参与 CMIP6 的模式研发团队达到了 33 个，模式版本达到了 112 个（见表 2 – 1）。

表 2 – 1　　参与 CMIP6 的气候/地球系统模式研究单位及其国家（地区）

研究单位	国家（地区）	研究单位	国家（地区）
阿尔弗德·魏格纳研究所（AWI）	德国	中国科学院大气物理研究所 LASG 国家重点实验室（LASG – IAP – CAS）	中国

续表

研究单位	国家（地区）	研究单位	国家（地区）
国家（北京）气候中心（BCC）	中国	德国空间中心大气物理研究所（MESSY – Cons）	德国
北京师范大学（BNU）	中国	英国气象局哈德利气候预测与研究中心（MOHC）	英国
中国气象科学研究院（CAMS）	中国	马普气象研究所（MPI – M）	德国
中国科学院大气物理研究所CasESM研发团队（CAS）	中国	日本气象局气象研究所（MRI）	日本
加拿大环境署（CCCma）	加拿大	美国宇航局戈达德空间研究所（NASA – GISS）	美国
印度热带气象研究所气候变化研究中心（CCCR – IITM）	印度	美国国家大气研究中心（NCAR）	美国
欧洲地中海气候变化中心（CMCC）	意大利	挪威气候中心（NCC）	挪威
国家气象研究中心（CNRM）	法国	自然环境研究院（NERC）	英国
科学与工业研究院（CSIR – CSIRO）	南非	韩国气象局气象研究所（NIMS – KMA）	韩国
联邦科学与工业研究组织（CSIRO – BOM）	澳大利亚	国家大气海洋局地球流体动力学实验室（NOAA – GFDL）	美国
美国能源部（DOE）	美国	南京信息工程大学（NUIST）	中国
欧盟地球系统模式联盟（EC – Earth – Cons）	欧盟	中国台湾环境变迁研究中心（RCEC – AS）	中国
自然资源部第一海洋研究所（FIO – RONM）	中国	国立首尔大学（SNU）	韩国
俄罗斯科学院计算数学研究所（INM）	俄罗斯	清华大学（THU）	中国
空间研究国立研究所（INEP）	巴西	东京大学（U. Tokyo）	日本

续表

研究单位	国家 （地区）	研究单位	国家 （地区）
皮埃尔－西蒙拉普拉斯研究所（IPSL）	法国		

资料来源：周天军等（2019）。

CMIP6 的试验设计包括三个层次（见图 2-3）。首先，最为核心的试验被称作 DECK 试验，DECK 的含义是气候诊断、评估和描述。DECK 试验是 CMIP 计划的"准入证"，任何气候模式只要完成 DECK 试验并把数据进行共享，即可称为参加了 CMIP 计划。其次，第二级试验是历史气候模拟试验（Historical），它是 CMIP6 的"准入证"，任何气候模式只要完成了该试验并把数据进行共享，即可称为参加了 CMIP6 计划。最后，环绕上述两级核心试验，在最外层是 CMIP6 批准的模式比较子计划（model intercomparison projects，MIPs），总计有 23 个，其中 19 个 MIPs 计划有自己专门设计的数值试验。MIPs 试验的设计是 CMIP6 的一大特色，充分体现了科学问题驱动下的民主设计原则，任何组织和个人都可以针对特定的科学问题提出专门的模式比较计划和试验设计，其建议只要合乎 CMIP 委员会制定的 10 条要求即可被批准。

CMIP 推动了气候系统模式的开发和共享，但由于人类对复杂气候系统的认识和技术条件的局限性，气候系统模式的不确定性将长期存在。气候系统模式的发展也将始终围绕能够更完整地描述气候系统和尽可能地减小模式的不确定性问题而不懈努力。气候系统模式的发展，依附于气候科学甚至地球科学的发展和数学及计算机等现代技术的发展，必将是一项长期复杂的系统科学工程。

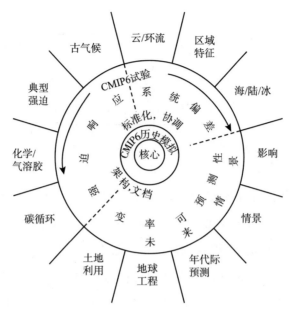

图 2 – 3　CMIP6 试验设计示意

资料来源：周天军等（2019）。

（四）气候模式的完善方向

虽然气候系统模式是帮助理解过去气候演变过程、掌握气候系统相互作用过程、开展气候预测和全球变化研究不可替代的重要工具，但由于气候系统的复杂性，仿真模拟气候系统变化的气候系统模式的复杂程度是难以想象的，现阶段的气候系统模式呈现出不可替代性、不完整性、不确定性的特点，与人类的期望仍有较大差距。

随着人类计算能力的快速增强和科学技术的不断进步，目前气候系统模式发展主要包括以下三个方面：增加内容、提高分辨率、验证评估和改进。其中，增加内容就是把人类对气候系统新的认知融入气候系统模式中，提高描述气候系统的完整性，实际上就是从气候系统模式到地球系统模式的发展；提高分辨率，即发展高分辨率模式系统，提高模式的可分辨内容，提高模式的多尺度相互作用能力，提高模式精度和可用性，这也是提高模式完整性的重要需求；验证评估和改进，主要是评估模式发展的有效性，特别是验证所增加的内容和提高分辨率的效果，寻求改进模式的突破口，改进方法和方案，降低模式的不确定性，提高模式的准确性。

二、气候情景

气候变化情景是建立在一系列科学假设基础之上的，对未来气候状态时间、空间分布形式的合理描述。通过预估未来全球和区域气候变化需要构建未来社会经济变化的情景，衍生出温室气体排放情景。未来温室气体和硫化物气溶胶排放情景，是气候模式对未来人类活动引起的气候变化进行情景预估的基础数据。

在气候学研究中，情景分析是非常有必要的。我们需要预计未来的气候情况，但是选择哪一种未来情景呢？是大家都齐心合力减排的未来？还是只顾发展不顾环境的未来？由于情景数据涉及未来社会、经济、技术的方方面面，需要对各种可能的发展状况加以定性或定量的描述，因此不同的研究机构给出了不同的情景预测。为了能够统筹世界各地气候学者的研究，IPCC 组织各国专家先后给出了不同的温室气体排放情景。

1992 年 IPCC 发布了第一个对温室气体排放预估的全球情景，即 IS92 系列情景，用来驱动全球模式模拟未来气候变化情景。依据未来不同社会经济、环境状况，IS92 系列可划分为 6 种排放情景（IS92a ~ IS92f）。其中，IS92a 情景下的辐射强迫与 CO_2 浓度以每年 1% 的速度增加情景相当。虽然 IS92 系列情景仅考虑了与能源、土

地利用等相关的 CO_2、CH_4、N_2O 和硫（S）排放，但其 CO_2 排放曲线能够较合理地反映现有各种排放情景研究所得出的 CO_2 排放趋势。因此，IS92 系列情景推进了气候模式对未来气候变化及其影响的预估研究。

随着对未来温室气体排放和气候变化认识的加深，对未来排放情景的估计也发生了变化。2000 年 IPCC 第三次评估报告公布了《排放情景特别报告》（SRES），发布了一系列新的排放情景，即 SRES 情景。SRES 情景设计了四种世界发展模式，即，A1：假定世界人口趋于稳定，高新技术广泛应用，倡导全球合作，经济快速发展；A2：假定人口持续增长，新技术发展缓慢，注重区域性合作；B1：假定世界人口趋于稳定，清洁能源广泛应用，生态环境得到改善；B2：假定人口以略低于 A2 的速度增长，注重区域生态改善。与 IS92 情景相比，SRES 情景扩展了累积排放量的高限，并且涵盖了人口、经济、技术等方面的未来温室气体和硫排放驱动因子，因此 SRES 情景比 IS92 情景应用更为广泛。

2014 年 IPCC 第五次评估报告（AR5）发布了未来气候变化情景的典型浓度路径（representative concentration pathways，RCPs），RCP 值从 2.6 到 8.5 表示 2100 年相对于 1750 年工业革命开始时的辐射强迫值，见表 2 - 2。不同的 RCP 情景用不同的辐射强度表示，RCP 情景包括一个高排放情景（$8.5W \cdot m^{-2}$，RCP8.5），两个中等排放情景（$6.0W \cdot m^{-2}$，RCP6.0；$4.5W \cdot m^{-2}$，RCP4.5），一个低排放情景（$2.6W \cdot m^{-2}$，RCP2.6）。四种 RCP 情景表示 2100 年不同的温室气体浓度，分别为 RCP2.6（CO_2 浓度 420ppm），RCP 4.5（CO_2 浓度 540ppm），RCP6.0（CO_2 浓度 670ppm）和 RCP8.5（CO_2 浓度 940ppm）。

表 2 - 2   **RCP 情景描述**

气候情景	辐射强迫值	CO_2 浓度	情景描述
RCP2.6	$2.6W \cdot m^{-2}$	420ppm	最低水平的技术创新及经济和人口的增长；提高生物质能源的利用率；倡导森林恢复
RCP4.5	$4.5W \cdot m^{-2}$	540ppm	可持续的经济社会和环境发展模式；低排放能源技术的快速革新
RCP6.0	$6.0W \cdot m^{-2}$	670ppm	人口快速增长；耕地面积增长；应对气候变化政策制定
RCP8.5	$8.5W \cdot m^{-2}$	940ppm	人口数量最多；低水平的技术创新；能源结构调整缓慢；应对气候变化政策的缺失

资料来源：Luo et al.（2022）.

共享社会经济路径（shared socio-economic pathways，SSPs）是 IPCC 于 2010 年推出的描述全球社会经济发展情景的有力工具，该情景是在 RCPs 情景的基础上发展而来的，用于定量描述气候变化与社会经济发展路径之间的关系，反映社会面临的减缓和适应气候变化的未来挑战。目前共有 5 个典型路径，分别是 SSP1（可持续路径，sustainability）、SSP2（中间路径，middle of the road）、SSP3（区域竞争路径，regional rivalry）、SSP4（不均衡路径，inequality）和 SSP5（化石燃料为主发展路径，fossil-fueled development）。其中，SSP1 和 SSP5 设想了人类发展相对乐观的趋势，即对教育和卫生、经济快速增长及运作良好的机构进行了大量投资。不同之处在于，SSP5 假定这将由基于化石燃料的能源密集型经济驱动，而在 SSP1 中则是向可持续实践转型不断增加。SSP3 和 SSP4 路径对未来的经济和社会发展的态度则更加悲观，其假定较贫穷国家对教育或卫生的投资很少，人口快速增长，不平等现象加剧。

在研究中，气候情景不能以概率的方式捕集长期的不确定性，只能表明"一定范围内的可能的未来"。科学家们并不知道其是否涵盖了未来所有可能，也不知道极端情景在未来的可能性。情景的实用性在于其描述了一组一致的相互关联事件。然而，当存在多种情景时，决策者可能感到困惑，因为每种情景都表明一个可能的未来，需要每种情景的相对可能性来指导决策。

三、气候变化的预估方法

运用气候模式对未来不同排放情景下的气候变化进行预估仍是主流的研究方法。随着气候模式和排放情景的不断发展，IPCC 对全球气候变化的预估在逐步改进。首先，IPCC 历次报告所引用模式的数量在不断增加，从第一、二次报告中参加评估的 10 余个气候模式，到第三次报告中 34 个模式被引用，再到第四次评估报告更多模式被采用。其次，各评估模式的分辨率也在不断提高，模式中各物理过程的表述和参数化方案等均得到了很大改善。此外，对未来社会发展模式和一系列新排放情景的开发与应用，使得 IPCC 历次报告总结的结果不断改进。

虽然对全球气候变化的预估在不断改进，但现阶段用于气候变化预估的模式的水平分辨率均较低，不能很好地对区域地形特征和陆面物理过程予以精确的表述，其结果尚存在较大的不确定性。为此，利用全球气候系统模式预估未来排放情景下的区域气候响应，还需要引进区域化技术，主要包括以下几种：（1）建立分辨率极高的全球模式，使其分辨率达到 60～100km；（2）建立分辨率可变的全球模式，并提高研究区域的水平分辨率；（3）插值，即利用数理统计方法做降阶处理；（4）降尺度方法，主要包括动力降尺度和统计降尺度两种，其基本观点是将气候模式输出的大尺度气候信息转化为区域尺度的地面气候变化信息。降尺度方法是目前使用较多的区域化技术，能够有效弥补气候模式分辨率的不足，从而改进气候模式的模拟效果。

四、气候变化预估的不确定性

利用气候模式预估未来气候变化仍存在大量的不确定性，主要来自以下三个方面：排放情景的不确定、给定强迫下模式响应的不确定性、模式物理过程及其表述的不合理。其中，排放情景的不确定性来源主要包括以下四个方面：（1）温室气体排放量的估算方法不确定；（2）政府决策对温室气体排放量的影响不确定；（3）未来技术进步和新型能源的开发与使用对温室气体排放量的影响不确定；（4）目前的排放清单不能完整反映过去和未来温室气体排放状况。

未来气候变化预估研究，需要进一步加强对气候变化的理解和评估，加深对包括气候系统在内的地球系统基本组成与结构变化的认识。特别是需要加强对未来气候变化背景下极端事件的预估能力，定量给出气候变化预估的不确定性范围，并探讨如何降低气候变化预估的不确定性。

第三节　气候变化的未来情景预估

气候变化情景在全球和区域气候变化预估中得到了广泛应用。

在气候变化未来情景预估中，温室气体排放情景是气候模拟的基础，而影响温室气体排放的社会经济驱动因素是多样的，如人口增长、经济发展、技术进步、环境条件和社会管理等，这些因素的假设组成了社会经济情景。IPCC 先后发展了 SA90、IS92 和 SRES 等情景，应用于历次评估报告。随着气候变化影响评估的发展，SRES 情景的不足逐步显现。为此，IPCC 调整了情景的发展方法和过程，发展了新的情景框架，在 2007 年发布的 RCPs 的基础上构建 SSPs 社会经济新情景。

一、共享社会经济路径

2013 年 IPCC 第五次评估报告（AR5）采用了 CMIP5 中的气候模式：四个代表性 RCPs（Moss et al.，2010）。2021 年发布的 IPCC 第六次评估报告（AR6）中则使用了 CMIP6 中新的气候模式（张丽霞等，2019）：由不同社会经济模式驱动的新排放情景——SSPs 组成。SSPs 是新一代气候变化情景的重要组成部分，从提出至今已发展了 10 余年，对于推动气候变化预估与影响研究、支撑气候政策决策的作用也正逐渐凸显。

（一）发展路径

SSPs 描述了未来社会各种可供选择的路径，描绘了在没有新增气候政策的情况下的基线情景，使研究人员能够结合减排目标研究减缓和适应气候变化所面临的机遇和挑战。SSPs 共包括 SSP1、SSP2、SSP3、SSP4、SSP5 这五种情景路径。

（1）SSP1，可持续性——绿色之路（减缓和适应的低挑战）。世界逐渐向一条更可持续的路径转变。这条路径强调更具包容性的

发展，尊重可感知的环境边界。全球公域的管理慢慢改善，教育和
卫生投资加速了人口结构的转变，对经济增长的重视转向对人类福
祉的更广泛的重视。由于对实现发展目标的承诺越来越大，各国之
间和各国内部的不平等现象都有所减少。消费倾向于低物质增长和
较低的资源和能源强度。

（2）SSP2，中等竞争——中间道路（减缓和适应的中等挑战）。
世界走的是一条社会、经济和技术趋势不会明显偏离历史模式的道
路。关于发展和收入增长不平衡，一些国家取得了相对较好的进
展，另一些国家则达不到预期；国际组织和各国机构都致力于实现
可持续发展目标，但进展缓慢，生态系统有部分退化的情况发生但
正在逐渐得到改善，总的来说，资源和能源使用强度呈下降状态。
全球人口增长缓慢，并在 21 世纪后半叶趋于平稳；收入不平等持续
存在，减少社会和环境变化脆弱性的挑战依然存在。

（3）SSP3，区域竞争——崎岖之路（减缓和适应的高挑战）。
民族主义的复苏、对竞争力和安全的担忧以及地区冲突，促使各国
越来越关注国内问题，特别是地区问题。随着时间的推移，政策逐
渐转向国家和地区安全问题，各国专注于在本国区域内实现能源和
粮食安全目标，而牺牲了更广域的发展。教育和技术发展投资减
少，经济发展缓慢，消费是物质密集型的，各种不平等现象随着时
间的推移持续发生甚至恶化。工业化国家的人口增长率很低，而发
展中国家的人口增长率很高。国际社会对解决环境问题的重视程度
低，导致一些区域的环境严重退化。

（4）SSP4，不平等——道路分叉（减缓的低挑战，适应的高挑
战）。对人力资本的高度不平等投资，再加上经济机会和政治权力
的差距越来越大，导致了国家之间和国家内部的不平等和分层加

剧。随着时间的推移，两种国际社会间的差距会扩大。第一种是互联互通的国际社会，是在全球经济体中主导了知识和资本密集型部门的社会；第二种是碎片化的各个社会，主导的是劳动密集型、低技术经济，是低收入、低教育程度的社会。差距的增大使得社会凝聚力下降，冲突和动乱日益普遍。同时，环境政策开始侧重于中高收入地区的地方性问题，高科技经济部门技术发展迅速，全球连接的能源部门多样化，对煤炭和非常规石油等碳密集型燃料以及低碳能源的投资大大增多。

（5）SSP5，化石燃料驱动——高速公路（缓解的高挑战，适应的低挑战）。在这个场景中，世界越来越相信竞争市场、创新和参与性社会能够迅速促进科技的进步以及人力资本的发展，并将其作为实现可持续发展的途径。全球市场日益一体化，大量资本涌入卫生、教育、人力和社会资本行业。与此同时，世界各地都在开发利用丰富的化石燃料资源，采取资源密集型、能源密集型的生活方式，推动经济社会发展。这些因素使得全球经济飞速增长，人口数量在 21 世纪达到顶峰随后下降，一些地方环境问题（如空气污染）得到了成功管理，人们相信人类有能力有效管理社会和生态系统，必要时会采用地球工程的手段。

（二）SSPs 情景描述

共享社会经济路径的五种情景包括：SSP1 - 1.9、SSP1 - 2.6、SSP2 - 4.5、SSP3 - 6.0 和 SSP5 - 8.5，其中 SSP 后的第一个数字表示假设的共享社会经济路径，第二个数字表示到 2100 年的近似全球有效辐射强迫值。未来气候预估主要涵盖三个时间段，分别是近期（2021～2040 年）、中期（2041～2060 年）和长期（2081～2100

年)，部分预估延伸到 2300 年，未来气候变化是相对于当前气候(1995~2014 年)以及工业革命前(1850~1900 年)两个基准态计算得到的。

(1) SSP1-1.9。这是 IPCC 最乐观的设想，描述了一个全球 CO_2 排放量在 2050 年左右被削减到净零的世界。国际社会向更可持续的道路转变，重点从经济增长转向了整体福祉。教育和卫生投资增加，不平等性下降，虽然极端天气更为常见，但世界已经躲过了气候变化的最严重影响。这种情景是唯一符合《巴黎协定》目标的情况。

(2) SSP1-2.6。该情景与 SSP1-1.9 设想了相同的社会经济情景，指出到 21 世纪末，温度稳定在上升 1.8℃ 左右，全球 CO_2 排放量大幅削减，在 2050 年之后达到净零。

(3) SSP2-4.5。该情景是一个"中间道路"的情景。CO_2 排放量先徘徊在当前水平，到 21 世纪中叶开始下降，但到 2100 年不会达到净零。社会经济因素遵循其历史趋势，没有显著变化，可持续性进展缓慢，发展和收入增长不平衡。在这种情景下，到 21 世纪末，气温将上升 2.7℃。

(4) SSP3-6.0。在该情景下，温室气体排放量和温度稳步上升，到 2100 年，CO_2 排放量将比目前水平增加大约一倍，到 21 世纪末，平均气温会上升 3.6℃。各国之间的竞争变得更加激烈，重点将转向国家安全，以及确保自己的粮食供应。

(5) SSP5-8.5。这是一个要不惜一切代价避免的情景。目前的 CO_2 排放水平到 2050 年大约翻一番，全球经济增长迅速，但这种增长是由开采化石燃料和能源密集型生活方式推动的。到 2100 年，全球平均气温将升高 4.4℃。

二、未来情景下的气候变化

(一) 温度的变化

在近期预估中 (2021～2040 年), 相较于 1850～1900 年的平均值, 在 SSP5 – 8.5 情景下, 全球平均表面气温 20 年的平均值很可能升高 1.5℃, 这一升温在 SSP2 – 4.5 和 SSP3 – 6.0 情景下也可能发生, 在 SSP1 – 1.9 和 SSP1 – 2.6 情景中发生的概率超过 50%。也就是说, 到 2030 年, 任何一年的全球平均表面气温都可能比 1850～1900 年的平均值高出 1.5℃, 可能性在 40%～60% 之间 (中等信度) (周天军等, 2021)。相较于最近几十年 (1995～2014 年), 2081～2100 年的全球平均表面气温均值很可能在低排放情景 SSP1 – 1.9 中升高 0.2～1.0℃, 在高排放情景 SSP5 – 8.5 中升高 2.4～4.8℃ (IPCC, 2021)。

CMIP6 模式预估的全球平均升温幅度比 CMIP5 模式的结果高, 原因在于 CMIP6 模式的气候敏感度普遍比 CMIP5 模式高。此外, 在对名义上可比的排放情景进行比较的情况下 (例如 CMIP5 的 RCP8.5 和 CMIP6 的 SSP5 – 8.5), 实际上 CMIP6 的有效辐射强迫更高。几乎可以确定的是, 21 世纪陆地表面的升温幅度将继续高于海洋, 北极的升温幅度将明显高于全球平均值, 北极对流层低层的升温速率很可能超过全球平均的升温速率。

(二) 降水的变化

在全球升温的背景下, 21 世纪全球陆地的年平均降水量将会增加。基于目前可获取的 CMIP6 模式结果, 在低排放情景 (SSP1 –

1.9）下，相对于 1995～2014 年，2081～2100 年全球陆地年平均降水量将增加 -0.2%～4.7%。在高排放情景（SSP5-8.5）下，将增加 0.9%～12.9%（IPCC，2021）。同时，21 世纪降水变化存在显著的区域性和季节性差异（高信度）。

伴随着升温，陆地上将会有更多地区面临降水的增加或减少，其中高纬度地区和热带海洋降水很可能增加，副热带大部分地区降水可能减少，陆地大部分地区降水的年际变率将增强。大部分陆地季风区降水可能增加，尤其是北半球季风区，尽管北半球季风环流可能会减弱。对于长期气候而言（2081～2100 年），季风降水变化将呈现南—北不对称与东—西不对称，其中南—北不对称体现为北半球降水的增加较南半球更多，东—西不对称体现为亚非季风区降水增加，而北美季风区降水减少。

受气候系统内部变率、模式不确定性以及自然和人为气溶胶排放不确定性的影响，降水近期预估结果存在不确定性，在不同 SSP 情景下，降水的变化并不存在明显差异。

（三）大尺度环流和变率模态

对于近期气候变化，基于五种 SSP 排放情景下的预估结果表明，南半球夏季环状模的强度可能弱于 20 世纪末的观测值。这是因为在近期至中期，平流层臭氧（O_3）的恢复与其他温室气体的增加会对南半球夏季中纬度环流产生相反的影响。因此近期南半球夏季环状模的强迫变化可能比由气候系统的内部变率引起的变化要小。

对于长期气候变化，在 SSP5-8.5 排放情景下，相对于 1995～2014 年，南半球中纬度急流可能向极地的方向移动并增强，南半球环状模指数可能会增加。在 SSP1-2.6 排放情景下，南半球环状模指数不会有显著变化。在 SSP5 – 8.5 排放情景下，南半球风暴轴中与热带外气旋相关的风速可能会增强。

在 SSP3 – 6.0 和 SSP5 – 8.5 等高排放情景下，CMIP6 多模式集合的长期预估结果表明，冬季北半球环状模指数将增加，但区域气候变化可能不单单表现为中纬度大气环流的位置偏移。在北半球急流与风暴轴相关的区域气候变化方面，气候系统的内部变率较大、预估的对流层上层和低层的温度梯度变化的影响相互抵消，气候模式对北大西洋大气环流季节至年代际变化的模拟存在缺陷等因素会导致预估存在很大的不确定性，因此信度较低，特别是对北大西洋冬季的预估。但存在一个例外：在 SSP3 – 6.0 和 SSP5 – 8.5 排放情景下，冬季格陵兰岛和北太平洋上空的大气阻塞事件的发生频率预计会减少（中等信度）。

可以肯定的是，在气温升高后，厄尔尼诺—南方涛动（ENSO）仍将是年际变率的主导模态。在所有 SSP 排放情景下，CMIP6 模式对 21 世纪 ENSO 相关的海表面温度（SST）变率振幅的预估变化并没有一致性结论（中等信度），但在 SSP2 – 4.5、SSP3 – 6.0 与 SSP5 – 8.5 等排放情景下，到 21 世纪下半叶，不管 ENSO 相关的 SST 变率的振幅变化与否，用于定义极端厄尔尼诺和拉尼娜现象的 ENSO 相关降水变率很可能会显著增强。

（四）冰冻圈和海洋圈

9 月份和 3 月份分别是北冰洋海冰面积（SIA）最小和最大的月份。在 SSP2 – 4.5、SSP3 – 6.0 和 SSP5 – 8.5 情景下，所有可获取的模式模拟结果都表明 2081～2100 年的 9 月份，北冰洋可能会变成无冰状态（$SIA < 106 km^2$）。在上述三个未来预估的情景下，3 月份

的北极 SIA 也会减少，但减少程度（以相对百分比表示）比 9 月份的小。

几乎可以确定的是，在 SSP1 - 1.9、SSP1 - 2.6、SSP2 - 4.5、SSP3 - 6.0 和 SSP5 - 8.5 这五种情景中，全球平均海平面（GMSL）在整个 21 世纪都将持续升高。与 1995 ~ 2014 年相比较，在 2081 ~ 2100 年之间，SSP3 - 6.0 和 SSP1 - 2.6 情景下的 GMSL 可能分别升高 0.46 ~ 0.74m 和 0.30 ~ 0.54m（中等信度）。在对 GMSL 变化的估计中，陆地冰川融化的贡献已被归入 CMIP6 模式模拟的热力膨胀的贡献中。

直到 21 世纪结束，海洋和陆地的累积碳吸收量将会持续增加。陆地碳吸收量的增加幅度比海洋碳吸收量的增加幅度更大，但是伴随着更高的不确定性。在高排放情景下，排放量中被海陆碳汇所吸收部分的相对占比要比低排放情景下更小（高信度）。在 SSP1 - 1.9 和 SSP1 - 2.6 情景下，直到 2070 年前后，海洋表面的 pH 值将降低，随后到 2100 年，pH 值会稍有升高（高信度）。其他情景下，海表的 pH 值在整个 21 世纪将稳定降低。

（五）气候变化的未来特征

自 AR5 以来，地球系统模式的试验证明，在年代际尺度下，CO_2 零排放的持续性（即在所有 CO_2 停止排放后全球平均表面气温的继续额外升温）较小（幅度可能 < 0.3℃），但这种额外的变化可正可负。与 IPCC 发布的《全球升温 1.5℃特别报告》（*Special Report on Global Warming of 1.5℃*）一致的是，在评估针对全球 1.5℃和 2℃升温水平的剩余碳排放空间时，来自 CO_2 零排放持续性造成的排放空间贡献的估计值的中位数为零。

如果暂时超过特定的全球升温水平，例如2.0℃，对气候系统产生的影响将会持续到2100年以后（中等信度）。在一个大气 CO_2 浓度先增加到峰值，然后降低的情景中（SSP5-3.4-OS），某些气候的度量标准，例如全球平均表面气温，开始时会降低，但在2100年不会完全降低到 CO_2 峰值之前的水平（中等信度）。尽管 CO_2 的浓度会降低到2040年的水平，但直至2100年，所有模式中的GMSL都会持续升高。

采用2100年以后的扩展情景，预估结果显示，在SSP1-2.6和SSP5-8.5情景下，2300年的气温相对于1850~1900年，分别可能会增高1.0~2.2℃和6.6~14.1℃。在2300年，短暂超出长期目标的SSP5-3.4-OS情景下，增暖幅度会从2060年的峰值减弱到类似SSP1-2.6情景水平。在SSP5-8.5情景下，陆地降水会持续大幅增多。到23世纪末，在SSP2-4.5情景下，预估的全球平均表面气温升温幅度（2.3~4.6℃）是自中上新世以来前所未有的。在23世纪末，SSP5-8.5情景下，预估的全球平均表面气温升温幅度（6.6~14.1℃）与中新世气候适宜期（5~10℃，约1500万年以前）和早始新世气候适宜期（10~18℃，约5000万年以前）的估计范围重合。

第三章

气候变化的历史轮回

气候变化不仅影响了王朝更替和世界格局，甚至还左右着人类文明的兴衰。充分考虑气候因素的作用，可以更好地理解人类历史变迁及其发展规律。一直以来，气候、生态、经济、社会的连锁反应对历史发展都产生了深远的影响。这些连锁反应和影响到底是如何产生的？本章将揭示这些问题的答案。

第一节　气候变化与王朝兴衰

气候是一个多变且不可控的因素，生产力极其落后的农业社会只能被动受其影响。气候作为王朝兴衰和战争的诱发因素，在历史文献中也有诸多记载。作者也注意到了地球经历的每一次寒冷期与历史上游牧民族南迁的时间存在高度重合现象。

一、气候变化与中国古代王朝的兴衰

（一）气候变化与北方游牧民族

据《史记》记载，自公元前 2 世纪初的冒顿单于起，至公元 1 世纪末北匈奴西迁止，匈奴政权在大漠南北存在、持续了整整三百年。至南北朝末期，匈奴才在中国史籍上渐趋消失。司马迁认为，"匈奴，其先祖夏后氏之苗裔也，曰淳维。唐虞以上有山戎、猃狁、荤粥，居于北蛮，随畜牧而转移。"匈奴是北方游牧民族，历史上曾屡次进犯中原地区。汉武帝在位时期，中国冬半年一直处于平均气温下降的状态。对游牧民族来说，气候影响是生死攸关的，每当寒冷的冬天来临时，游牧部族赖以生存的草原无法提供充足的食物供给，马匹、牛羊等家畜死亡，百姓生活困难。据《史记·匈奴列传》记载："其冬，匈奴大雨雪，畜多饥寒死"。在这种情况下，匈奴面临着巨大的生存压力。于是，其选择南下，以此来维持百姓生存、稳定统治者政权。

"五胡"指以匈奴、鲜卑、羯、羌、氐为主的胡人的游牧部落。西晋爆发八王之乱时，社会动荡，国力衰弱。这些北方游牧民族趁机在百余年间陆续建立了数个非汉族政权与南方政权对峙，导致战争频发，百姓流离失所。这一段时期北方游牧民族不断内迁。气象学专家竺可桢先生等人根据冰川遗迹、格陵兰冰层等各种资料，推断出那个时候北半球异常寒冷，异常的气候促使北方游牧民族向南迁徙（竺可桢，1972）。

（二）气候变化与楼兰古国的迷踪

在我国西北干旱地区最大的湖泊——罗布泊旁，曾经存在着一座占地 10 多万平方米的古城，即著名的楼兰古国。《汉书·西域传》记载："鄯善国，本名楼兰，王治扜泥城，去阳关千六百里，去长安六千一百里。户千五百七十，口一万四千一百。"但是，这个繁华的古国最终却莫名消失。到底是什么原因让这个丝绸之路的要塞与茫茫大漠融为一体，繁华不再？有观点认为气候是其中的主要原因（王露，2021）。

楼兰古城的消亡与世界气候的干旱大致发生在同一时间段。距今约 2500 年前，在全球降雨量下降的大背景下，河水与湖泊减少，沙漠化加剧，黄土堆积。楼兰古国所处的东亚西北内陆地区由于很难接收到来自太平洋和印度洋的暖湿气流，出现了干旱和沙漠化的趋势。这一时期的楼兰古国无法收获庄稼，家养牲畜随之减少，人们的生存环境深受影响，导致生存面临困境。同时，楼兰人赖以生存的罗布泊旱化程度加剧，开始从南向北推移，水量急剧减少，最终干涸。公元 4 世纪，包括楼兰古国在内的罗布泊全境都成为一片荒原，曾经繁华的楼兰古国就这样湮没在了一望无垠的大漠之中。

（三）气候变化与"隋唐盛世"

"隋唐盛世"时期是中国历史上的第四温暖期，这个时期，全球气温变暖，极端天气减少，水热条件十分有利于农业经济发展。依靠着有利的气候条件，唐朝的人口迅速增长，粮食丰收，社会稳定，百姓安康，出现了"贞观之治""开元盛世"等繁荣景象，成了当时的最强帝国。此外，气候转暖使得唐朝传统的农牧业界线北移，边防有了当地的给养支持，军事防御更加稳固，于是，唐朝在与北方游牧民族的战争中取得了战略优势，屡战屡胜，疆域迅速扩张。

到了中晚唐时期，气候明显转冷，极端天气现象频发，有时春秋两季也会出现霜雪冻坏庄稼的现象，对农业生产十分不利。气候恶化加剧了社会动荡，激化了阶级矛盾，导致战乱频发、国家分裂；同时，北方少数民族地区受寒冷气候的影响只能向南推进，中原农业民族在同他们的斗争中越来越处于劣势。最终，唐朝在"安史之乱"后由盛转衰，繁荣从此不再。

（四）气候变化与元、明、清更替

1000～1200年的南北宋时期，中国气温趋冷，尤其是西南地区（竺可桢，1972）。和北方匈奴、西欧蛮族的南下相似，北方的蒙古帝国受到气温下降的影响，入侵中原，灭亡南宋，建立了元朝。

元朝到清末，中国处于小冰河期，冬天奇寒无比，形成了最近四五千年来气温的最低谷。东北恶劣的气候使女真族从黑龙江的北岸逐渐迁移到了明朝边界地区。中原地区也由于小冰期的气候异常不断发生天灾人祸，夏天发生大旱与大涝，冬天则是极端的低温天气，连以往气候温和的广东等地区都下起了暴雪。在明朝末期，寒流、蝗灾、水灾、鼠疫等使得整个社会动荡不安，狼烟风起，再加上朝廷对百姓严重的赋税和徭役，以陕西为中心，全国各地不断暴发农民起义，阶级矛盾日益激化，中原经济崩溃、国力衰微，满族的前身女真族得以建立后金，脱离明朝的统治，于1975年改国号为清（王会昌，1996）。

二、气候变化与国外古代王朝的兴衰

(一) 气候变化与罗马帝国的衰落

曾经的罗马帝国是跨越欧、亚、非三大洲的大帝国，但是却因为外族的入侵渐渐地走向了衰落。外族入侵的背后，隐藏着的是气候变迁对罗马帝国衰落的影响。

几乎所有的气候数据都表明，公元 2 世纪以来，罗马帝国的气候逐渐进入了一个"小冰河期"。气候的异常造成了农作物歉收、传染病大规模流行，国家经济滑坡，财政崩溃，引发了一系列的社会危机。同时，严寒促使北方的外族大量向温暖湿润的欧洲南部迁移，罗马帝国与北方的日耳曼部落、哥德族等族发生冲突，最终被外族占领，走向了衰败。

(二) 气候变化与吴哥王朝的消失

曾经的吴哥王朝位于现在的东南亚，以大米的种植为基础，发展了自身的经济实力。有学者利用树木年轮的样本来建立吴哥王朝的历史气候记录，得出了吴哥城这座柬埔寨古都的消失可能与气候异常有关的结论。数据显示，在 1415～1439 年期间，也就是吴哥城灭亡的时间段里，发生了一场由厄尔尼诺现象导致的旷日持久的特大干旱灾害。干旱使吴哥城赖以生存的蓄水系统运作失灵，大米经济面临崩溃。最终，灿烂的吴哥文明被热带雨林吞噬（Buckley et al.，2010）。

第二节　历史诗歌典籍里的冷暖变迁

如果说王朝的更替是在宏观层面看到的气候对王朝国运的影响，那么在百姓眼中，天气和气候变化则是生活和情感表达的常见对象。比如，气候对动植物的影响，导致人们的生活习俗发生了变化，抑或是将天气的冷暖与诗人情感相连接，表达出百姓的心声。古今中外的文学作品和诗歌典籍中，常常会描述季节的冷暖和气候的变迁。

一、诗歌典籍里的物候现象

物候所反映的是过去一段时间里气候条件的积累对生物的综合影响。物候现象主要指植物的生长荣枯、动物的季节活动和非生物环境变化等。我国疆域辽阔，各地气候条件具有很大差异性；气候的差异性导致了物候的差异性，深刻地影响着人类的生产生活。中国古代诗歌创作与物候关系密切，人们常常通过对不同物候现象的吟咏来抒发自身的情感，将自然界中的物候分异作为自己抒发情感的重要渠道，见表 3 - 1。

表 3 - 1　　　　　　　诗歌典籍里的物候现象

诗歌典籍	内容	地理物候分异特征
《晏子春秋》	橘生淮南则为橘，生于淮北则为枳。	橘树栽在淮河以南就是橘，而栽在淮河以北却变成了枳，这句话很生动地体现出了自然环境对生物的影响，南北的气候差异，自然会造成物候现象的差异

续表

诗歌典籍	内容	地理物候分异特征
《寒食》	二月江南花满枝，他乡寒食远堪悲。	寒食节在冬至后的第一百零五天，当春二月，此时的江南气候温暖，鲜花已盛开在枝头，而作者北方的家乡却十分寒冷，体现了我国南方和北方显著的气候差异
《北史·文苑传》	夫人有六情，禀五常之秀；情感六气，顺四时之序。	作者认为文学的地域性特征与气候有很大关联，南北文学的差异是由于地理环境的不同造成的，地理环境的迥异导致了截然不同的气候条件，气候气象的变化引起人的气质、性情的变化，人的气质、性情最终导致了文学作品的风格、主题、思想、内涵的改变
《文心雕龙·物色》	岁有其物，物有其容；情以物迁，辞以情发。	一年里会出现各种各样的景物，这些景物会有截然不同的形态变化，作者的诗情也随之变化，最终创造出生动的文辞，自然景物的变化离不开一年四季的交替更换，使得人的感情有了波动
《赋得古原草送别》	离离原上草，一岁一枯荣。野火烧不尽，春风吹又生。	这首诗很清晰地展现了自然界里小草的物候期，小草一年里枯荣交替，是一种随着季节变换而变化的周期

"二十四节气"是我国古代先民结合时令物候变化、天体运行和生产生活实践总结出的一套时令体系，见表3-2。它揭示了诸多农事物候规律，指导着古人的种田农作。虽然在当前科学技术的驱动下，设施农业发展迅速，一些农业生产活动突破了节气时令的限制，但总体上农事活动还是要基于自然天气特征和气候规律来开展。

表 3-2   **"二十四节气"的物候特点**

季节	节气	物候特点
春	立春	万物复苏生机勃勃，一年四季从此开始了
	雨水	气温回升，冰雪融化，空气湿润，雨日雨量明显增加
	惊蛰	春雷开始震响，各种冬眠动物将苏醒过来、开始活动
	春分	这一天日光直射在赤道上，南北两半球昼夜几乎等长
	清明	草木始发新枝芽，空气清新，是踏青的好时节
	谷雨	雨水开始增多，滋润大地，五谷得以生长
夏	立夏	夏季开始，部分地区即将进入梅雨汛期
	小满	大麦等夏收作物已经结果，籽粒饱满，但尚未成熟
	芒种	适合播种有芒的谷类作物，如晚谷、黍、稷等
	夏至	太阳直射北回归线，是北半球白昼最长、黑夜最短的一天；进入炎热季节，天地万物在此时生长旺盛
	小暑	是全年夏季风最强盛的时期
	大暑	是一年中最热的节气，大部分地区都是炎炎夏日，潮湿多雨
秋	立秋	秋天开始，气温逐渐下降
	处暑	是气候变凉的象征，表示暑天终止，进入秋雨期
	白露	气温下降加快，地面水汽结露多，随着季风转换，日照渐短
	秋分	太阳直射点又回到赤道上，全球昼夜平分，从这一天起，阳光直射位置由赤道向南半球推移，北半球开始昼短夜长
	寒露	露水日多，雨季结束，经常晴空万里，日暖夜凉
	霜降	天气已冷，霜冻开始出现
冬	立冬	一年的田间操作结束了，人们开始收割作物并收藏起来
	小雪	气温下降，开始降雪
	大雪	黄河流域一带渐有积雪，北方进入了严冬时节
	冬至	太阳直射南回归线，是北半球白昼最短，黑夜最长的时候；标志着最冷的时节来临了
	小寒	冷空气南下，气温持续降低，开始进入寒冷季节
	大寒	至此地球绕太阳公转了一周，完成了一个循环

二、诗歌里的季节变换

古诗词是中国古代文学艺术的精髓，是中华民族文化艺术宝库中的璀璨明珠。纵观历史，诗词中自然景物的春滋夏盛、秋黄冬枯，均与气温、降雨等季节性变动有关，见表3-3。

表3-3 诗歌里的季节变换

诗歌	内容（节选）	季节特征
《早春呈水部张十八员外二首》	天街小雨润如酥，草色遥看近却无。	诗人运用简朴的文字描写了早春时节独特的"草色"：初春时，已经到了万物复苏的时候，如果下过一番小雨，地上就会冒出春草的嫩芽，远远望去，有着一片朦朦胧胧淡绿之色，正是早春的草色
《饮湖上初晴后雨》	水光潋滟晴方好，山色空蒙雨亦奇。	前半部分描写了西湖晴天的水光：在灿烂的阳光照耀下，西湖水波荡漾，波光闪闪，十分美丽；后半部分描写雨天的山色：在雨幕笼罩下，西湖周围的群山，迷迷茫茫，若有若无，诗人酒兴正浓，但春末夏初的天气却时晴时雨，阴晴不定
《宿建德江》	移舟泊烟渚，日暮客愁新。野旷天低树，江清月近人。	在秋季，白天和晚上的温度差距很大，到了傍晚温度开始降低，江面上非常容易起雾，诗句里并没有明确提到所描绘的季节，但是萧瑟的秋色却历历在目
《逢雪宿芙蓉山主人》	日暮苍山远，天寒白屋贫。柴门闻犬吠，风雪夜归人。	暮色苍茫、山路漫长，通过诗句描述的这副寒山夜宿图，我们很容易想象出来在冬季的漫天大雪中，诗人独自行进在山路上的画面

三、诗歌游记里的气候分异

古代文人墨客、达官贵人到处游历，遍览祖国的壮美河山，体验了南北方不同的风土人情，写下了很多脍炙人口的诗篇游记。这些诗（词）人，如李白、杜甫、王维、韩愈、孟浩然、岑参、王之涣、孟郊、韦应物、柳宗元、谢灵运、孟云卿、李清照等，有的喜欢游山玩水，有的则属于著名的山水田园诗派。

他们的诗歌中描述了很多华夏辽阔土地上的气候差异。例如，唐代诗人孟云卿写道："二月江南花满枝，他乡寒食远堪悲"。这句诗是说我国南方和北方气候的迥异：二月时，江南已经鲜花满枝，而其他地方却十分寒冷。再比如，唐代诗人王之涣也曾写出了季风区的差异："羌笛何须怨杨柳，春风不度玉门关"。这句诗是说玉门关位于我国的非季风区，温暖湿润的夏季风很难到达这里。在气候的垂直分异方面，李白《塞下曲》写道："五月天山雪，无花只有寒。笛中闻折柳，春色未曾看。"这里的"天山"指的是祁连山，山顶常年积雪，全年皆冬，但山坡上由于气温高于山顶，且有一定的地形雨，因此有不少郁郁葱葱的森林。这些诗句反映了垂直地域分异的气候现象。

明朝地理学家、旅行家和文学家徐霞客，22 岁就开始出游，写成了六十余万字的《徐霞客游记》，书中有着大量与气候相关的记录。例如纬度高低、地势高低的寒暖差异："山谷川原，候同气异"的分布规律是"愈北而寒"（北半球）。气候对植被也有着明显的影响："余出嵩、少，始见麦畦青；至陕州，杏始花，柳色依依向人；入潼关，则驿路既平，垂杨夹道，梨李参差矣；及转入泓峪，而层冰积雪，犹满涧谷，真春风所不度也"（鞠继武，1986）。

王士性，明代临海城关（今浙江台州）人，曾在河南、北京、四川、广西、云南、山东、江苏等地为官。他在旅行过程中亲身经历了不少奇特的气候变化，并将其记录在了游记《广志绎》里。《广志绎》中描写了广西西北部的山地（局地）小气候"顷时晴雨叠更"，即晴雨天气的转换很快，气温也变化无常，以至于当地百姓要"裘、扇两用"。这要归因于当地特殊的地形地貌："广右石山分气，地脉疏理，土薄水浅，阳气尽泄"。由于特殊的下垫面性质，地面对太阳辐射较为敏感，地面长波辐射作用较强，易导致大气层结不稳定。另外，王士性还总结了贵州的"多雾、雨"，并详细描述为："十二时天地阴忽，间三五日中一晴霁耳，然方晴倏雨，又不可期……谚云'天无三日晴，地无三尺平'"，以至于当地人每次出门都必"批毡衫，背箬笠"（张立峰，2021）。

第三节　气候变化的隐形曲线

社会历史演进、政治经济变革等现象，都有内在的演化规律。以前，人类更多地看到了干湿冷暖的气候变化，以为这种自然现象的变化与人类活动关联性不大。然而，通过对比几千年来气候变化的趋势和政治历史演替的曲线，人们发现二者存在着千丝万缕的联系。气候变化就像一个"操盘手"，刻画着人类社会演进的"隐形"曲线。

一、社会历史演进与气候变化曲线

气候变化作为一个外部条件，对社会和历史的发展和王朝的兴衰有较大的影响，且存在一定的规律。竺可桢先生曾经把中国上下五千年的气候波动画成了一个曲线图，中国的社会文化也随着这个曲线而变化。一个地方突然变得很冷的时候，饥荒、干旱、水灾等自然灾害就会频繁发生，往往容易发生改朝换代的事件（竺可桢，1972）。

有学者整理了目前我国历史气候变化对社会影响研究领域的结果，归纳得到了历史时期气候变化对中国社会发展影响的重要特征与认识。图 3–1 中从上往下，A 代表的是秦汉以来全国每 30 年发生战争的次数，B 是秦汉以来黄河中下游地区米价指数曲线，C 是秦汉以来农牧交错带西段（呼和浩特至潼关一线以西）北界的变化，D 代表秦汉以来东中部地区冬半年温度变化，E 为东汉以来东中部地区每 50 年发生重大旱涝事件的次数（重大旱灾（E1）和重大涝灾（E2））。

可以看出，历史气候变化影响的基本特征是"冷抑暖扬"。能够做到长治久安的朝代，大多属于气候温暖时期，而王朝动荡的时代，基本都处于全球气候变冷的时期。即暖期气候对我国是有利的，历史上经济发达、社会安定、国力强盛、人口增加、疆域扩展的时期往往出现在百年尺度的暖期，相反的情况则发生在冷期（如小冰期）。据统计，自秦汉以来 2000 年内的 31 个盛世、大治和中兴时期，21 个发生在温暖时段，3 个发生在由冷转暖时段，2 个发生在由暖转冷时段。而在 15 次王朝更替中，11 次出现在冷期时段（葛全胜等，2014）。

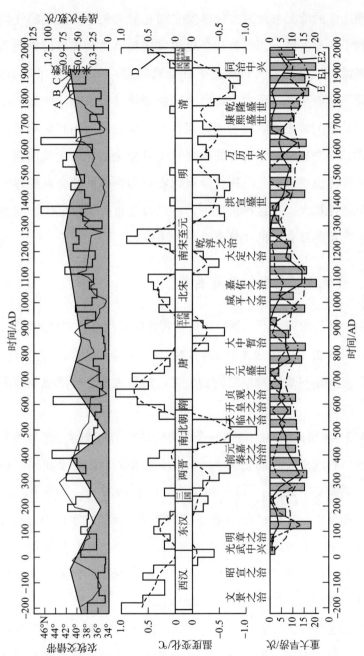

图 3-1 秦汉以来中国气候变化及其影响

资料来源：葛全胜等（2014）。

出现这样的情况与我国古代以农立国有很大关系。温暖的气候总体有利于农业发展，能够为社会更快发展提供更为优越的物质条件，但盛世时期众多的人口加大了社会对资源、环境的需求压力，这种在暖期尚能承受的压力，会因为气候变化导致农业生产力下降而凸显，甚至突破土地承载力的极限，给气候转冷的不利影响留下巨大隐患，加之在暖期所建立的社会对气候变化适应系统效用在气候转冷中往往也难以充分发挥，导致以农业为主体的社会系统弹性下降、脆弱性加大，在这种情况下，一旦发生重大气候灾害，则更易于引发严重的社会危机（葛全胜等，2014）。

二、战争频率与气候变化曲线

在中国漫长的历史上，新旧朝代更替伴随着战乱与和平的循环。有研究对比分析了中国唐末到清朝的战争、社会动乱和社会变迁，揭示了气温变化与战争频率之间的关系，结果表明，冷期战争频率显著高于暖期。

从表3-4可以看出，每当一个相当长的冷期出现时，战争频率便会激增，朝代更替也随之而来。8个冷期有7个导致了朝代更替和动乱（章典等，2004）。从公元850年起至1912年，一共有7次大动乱，都发生在冷期；在24次王朝的建立和灭亡的事件中，只有元朝的灭亡和明朝的建立，以及西夏王朝的建立发生在暖期。并且，元亡明立两次事件是冷期时元末农民起义延续的结果，仅仅发生在冷期结束之后8年（章典等，2004）。

冷期温度下降，会导致土地生产力下降，从而造成生活资料的短缺。在这种生态压力和一定的社会背景下，战争高峰期和全国范围内的社会动乱随之产生，最终导致王朝灭亡和新王朝的建立。因此，在战争方面我们也可以再次观察到，气候变化对于历史的朝代更替有着决定性作用（章典等，2004）。

表 3 - 4　唐末到清朝年间气候与战争数、朝代变迁和全国范围动乱的关系

时间段（公元）	平均温度距平（℃）	气候期	年数（年）	战争数（次）	战争频次	朝代变迁和全国范围动乱
850～875 年	-0.518	冷	26	10	0.38	黄巢等农民起义
876～901 年	-0.335	暖	26	7	0.27	
902～965 年	-0.423	冷	64	93	1.39	唐朝亡，五代十国混乱时期，宋朝立，辽国立，大理国立
966～1109 年	-0.233	暖	143	169	1.20	西夏立
1110～1152 年	-0.368	冷	43	93	2.16	金朝立，方腊等起义，金灭北宋，辽亡
1153～1193 年	-0.315	暖	41	41	1.00	
1194～1302 年	-0.419	冷	109	252	2.31	大蒙古国立，西夏亡，金朝亡，蒙古灭南宋，元朝立，大理国亡，吐蕃亡
1303～1333 年	-0.362	暖	31	33	1.07	
1334～1359 年	-0.454	冷	26	90	3.46	元末农民起义
1360～1447 年	-0.345	暖	88	189	2.15	元朝亡，明朝立
1448～1487 年	-0.461	冷	40	89	2.23	
1488～1582 年	-0.392	暖	95	208	2.19	
1583～1717 年	-0.534	冷	135	266	1.97	明末农民起义，清朝立，明朝亡，三蕃叛乱

续表

时间段 （公元）	平均温 度距平 （℃）	气候期	年数 （年）	战争数 （次）	战争 频次	朝代变迁和 全国范围动乱
1718～1805 年	−0.413	暖	88	72	0.82	
1806～1912 年	−0.456	冷	106	204	1.93	太平天国起义，辛亥革命，清朝亡，民国立

资料来源：章典等（2004）。

三、经济地理格局与气候变化曲线

1935 年，著名地理学家胡焕庸先生在《地理学报》发表《中国人口之分布》一文，绘制出了中国第一张人口密度图。文中试以"黑龙江瑷珲（今黑河市）—云南腾冲"一线将中国人口区划为东南半壁和西北半壁两部分，之后该线被命名为"胡焕庸线"，一直被国内外承认并沿用。"胡焕庸线"东南半壁以 36% 的国土面积占据了 96% 的人口，而西北半壁以 64% 的国土面积仅占据了 4% 的人口，本质上反映了中国人口经济与自然气候特征的空间耦合特征。

1230～1260 年的气候突变，基本奠定了中国的现代气候特征，"胡焕庸线"正好与这些自然气候特征的空间分布高度契合。该线也是中国重要的人口经济地理不均衡分界线、自然地理与生态环境分界线（大致是中国半干旱地区和半湿润地区分界线、400 毫米等降水量线、年平均气温 12～13℃分界线等刚性约束不可突破的界线）。年降水量不足 400 毫米，土地便向荒漠化发展，正如西北部的草原、沙漠等景色，东南部降水充沛，则气候迥异，农耕经济发达（吴静和王铮，2008）。

四、人类文明与北纬 30 度线

翻开地图，结合历史，我们不难发现，"北纬 30 度"是一条神奇的纬线，它跨越了中华文明、古印度文明、古波斯文明、两河文明、古埃及文明、玛雅文明，是佛教、基督教、犹太教和伊斯兰教的发源地。为什么人类文明集中在这条线附近？可能是由于这些区域气候湿润、光热充足、地势平坦、土地肥沃、水源充足、交通便利，为人类聚居和文明起源提供了物质基础。古代埃及依靠尼罗河，坐落于美索不达米亚平原的古代巴比伦依靠幼发拉底河和底格里斯河，古代印度在印度河流域繁衍，在黄河流域诞生了辉煌的文明古国——古代中国。

五、世界政治格局拐点与极端天气变化

极端的天气变化同样影响了政治军事走势，成为世界政治格局的拐点。莫斯科保卫战中苏德攻防转换的契机就是 1941 ~ 1942 年冬季突然变冷的天气。德军因战线过长，冬季装备准备不足，坦克和其他车辆因为低温而不能启动。对莫斯科的苏联红军而言，情形则恰好相反：来自西伯利亚的苏联红军早已习惯了寒带生活，有着足够的冬季作战装备，他们的枪炮套上了保暖套，涂上了防冻润滑油，有足够的棉衣、皮靴和护耳冬帽用来防寒。

第四节　气候变化与人类文明进程

全球气候变化具有一定的准周期性，以 600 年暖湿期和 600 年干冷期相交替，每 1200 年左右循环一次，在科技能力相对落后的古代，文明兴衰大势也基本与之吻合。历经 8 万年，人类创造出了大量让人目眩的成就，回顾人类文明的历史，各种线索之间纵横交错，很难抓住发展的脉络。然而，不管人类如何发展，文明兴衰如何更迭，都是不断与寒冷化、温暖化交替的气候变化抗争的过程。因此，本节将以气候变化为线索，梳理它对人类的生存特别是人类文明发展的重要影响。

一、气候变化影响人类分布

人类是恒温动物，对于生存环境的气候有一定的要求。四季分明的温带地区是最适宜人类居住的，也是现在人口分布最多的区域。高纬度地区受到寒冷气候的影响，人们的各种产业活动难以开展，因此人口最为稀少：南极洲几乎没有常住居民，北极地区被北冰洋所覆盖、被永久冻土所包围，更谈不上人类的生存。

人类发展到如今的分布范围，其历史轨迹与气候变迁有一定关系。有研究表明，全世界人类共同的祖先来自非洲，由于亚欧非三大洲在陆地上相连，人类从非洲出发，逐渐迁移到亚洲及欧洲地区。智人从亚洲进入北美洲的契机则是白令海峡结冰形成的"大陆桥"。1.8 万年前，地球处于冰期，北极地区气候十分寒冷，导致白令海峡结冰，人类就这样进入了北美洲，并在之后演变成为美洲印第安人。而后来由于气候变暖，大陆桥融化，在北美洲的人类无法返回亚洲，在漫长的历史时期内，他们开始了独立的文明演化过程（Rito et al.，2019）。于是，人类文明在亚欧非三大洲、美洲这两个分离的区域中演化，产生了巨大的差异，在前者的陆地上出现了古埃及文明、古巴比伦文明、古代印度文明、希腊罗马文明和中华文明等，后者则演化出了玛雅文明和印加文明等。

二、气候变化左右生命演化

气候变化制约着生命的演化，影响着人类前进的脚步，越来越多的证据显示气候变迁对人类文明发展有着不可忽视的作用。表 3 - 5 梳理了从地球进入第四纪开始到世界第一个大一统王朝建立这段时间内的气候波动，以及这些波动对人类发展的影响。

表 3 - 5 人类历史上的气候波动

时间	事件
距今约 300 万年	人类踏入了旧石器时代，同时地球进入了第四纪
距今约 7 万年	地球进入末次冰川期，一直持续到 1.2 万年前
距今约 11700 年	地球开始走出冰川时代，气候发生全球变暖趋势；猛犸象开始出走东北，消失于西伯利亚；人类的祖先离开洞穴，来到平原；温暖湿润的气候催生了原始农业的出现，从此人类由狩猎采集步入农耕文化
距今约 1 万年	全球显著升温，人类生存环境迅速好转；古代先民发展了各种技术，积累了更多经验
距今约 8200 年	气温持续上升，北半球巨量冰川融化；崩塌冰融水注入北大西洋，大量冰水混合物奔向北冰洋，诱发洋流紊乱，全球发生干冷事件，地学史称"8200aBP事件"

续表

时间	事件
距今约 6000 ~ 8000 年	"8200aBP 事件" 过后，全球气候进入大暖期；亚洲夏季风平稳增加，东亚气温普遍高于现今；这样的温润气候造就大批良田，文明兴盛，创造了例如裴李岗文化、仰韶文化等新石器时代文化
距今约 5000 ~ 5700 年	全球气候出现波动异常，以 5400 年前为界，前 300 年亚洲季风减弱、降水减少，后 400 年降水逐渐增加，随后又剧烈减少，这一系列的气候异常导致我国北方仰韶文化衰落，地学史称 "5400aBP 事件"；这次事件导致非洲撒哈拉原本水草丰美的大草原开始出现沙漠化，当地人开始迁往尼罗河流域，建立了古埃及早王朝，是世界首个大一统国家

三、文明消失的气候归因

人类在历史上创造了无数辉煌的文明，但有一些伟大的文明最终还是消失在了历史的长河里。以玛雅文明为例，它是古代南美洲印第安人文明，虽然处于新石器时代，却在天文学、数学、农业、艺术及文字等方面有着极高成就。

研究人员发现在玛雅文明的没落时期，降雨量严重减少，并出现了大范围的干旱。在较丰富降雨量时期（公元 300 ~ 600 年间），玛雅人口增长，政治中心繁荣昌盛。然而在公元 660 ~ 1000 年间，气候逐渐干旱，降雨量减少，导致了农业减产、饥荒、死亡、政权争斗，伴随着战争频发，社会变得动荡不安，最终导致玛雅政权瓦解（Haug et al.，2003）。

四、气候临界点

目前，气候变化依然对人类文明的发展进程产生着潜移默化的影响。在全球变暖背景下，IPCC 提出了"气候临界点"（climate tipping points）的概念，并将其定义为："就气候系统来说，临界点指的是全球或区域气候从一种稳定状态到另外一种稳定状态的关键门槛。临界点事件可能是不可逆的。"

由于气候变化，这些临界点会被逐个激活，而"气候临界点"被激活后产生的影响又会反作用于全球变暖本身。目前气候科学家已经识别出了 15 个影响地球系统平衡的临界点，不幸的是，由于全球变暖，它们之中的 9 个已经被唤醒，见表 3-6。一旦气候变化的多米诺骨牌被触发，气候效应的正反馈机制将会发生作用，全球的级联效应（global cascade）将变得不可避免，最终形成对人类生存与文明的威胁（Timothy et al.，2019）。

表 3-6　　　　　　　　　　　九个气候临界点

气候临界点	现状
北极海冰面积减少	北极海冰覆盖范围正急剧缩小，多年海冰相比 1984 年已经消融了 95% 以上；如果北极海冰完全消失，会改变极地生态环境，破坏全球海洋环流，影响全球天气系统，加剧气候变暖
格陵兰冰盖消融加速	20 世纪 90 年代开始，格陵兰冰盖就在以越来越快的速度融化；在 2019 年的 8 月，短短 4 天，格陵兰冰盖融化了 550 亿吨，融化速度逐渐开始失控
南极西部冰盖消融加速	南极西部的冰盖对全球气候变化十分敏感，是地球上温度变化最为迅速的地区之一，当这部分冰川消失时，南极冰盖的其余部分也会遭到破坏，可能致使全球海平面在未来数百年到几千年的时间上升约 3 米
南极北部冰盖消融加速	南极半岛北部是地球上变暖最快的地区之一，在气温持续升高的情况下，南极冰盖每年流失的冰量持续走高

续表

气候临界点	现状
远北冻土层开始融化	2018 年 NASA 的报告显示，美国阿拉斯加州的阿卡斯加北坡上，多年冻土层正在慢慢融化，如果温度持续升高，冻土层中的有机物就会开始活跃，并将那些被封存的碳转变为 CO_2 和 CH_4 释放出来
亚马逊丛林干旱	在森林砍伐和气候变化的双重作用下，自 1970 年以来亚马逊雨林已有大约 17% 被毁，如果亚马逊的毁林率在 20%～40% 之间，将会触发临界点；一旦森林进入非雨林气候，就会失去固碳作用，如果亚马逊雨林储存的碳被释放，将使全球 CO_2 浓度激增 10%
高纬度森林正在消失	高纬度森林的消失和变化正在影响着北极的气候，如原本靠近北极圈的高纬度地区的森林主要以针叶林为主，但随着全球气候变暖，一些落叶乔木开始出现在这一地方
珊瑚礁大量死亡	如果全球气温上升 1.5℃，珊瑚数量将会减少 90% 左右
大西洋温盐环流减弱	北大西洋温盐环流下降 15% 的时候，整个环流每秒钟减少的流量，相当于 40 条雨季时候的长江水量，如果没有大西洋温盐环流，西欧、北欧和北美部分地区，龙卷风、海啸和暴风雪将接踵而至

资料来源：Vihma（2014），NASA（2018）.

第四章

气候变化的政治博弈

经过多轮国际谈判，气候变化早已经超越了环境保护的范畴，产生了一系列新的政治、经济和国际法律博弈等问题，呈现出明显的政治化趋向。气候变化政治化的焦点在于减排责任问题和公平发展问题，这与能源安全、国际贸易和国家影响力等息息相关。在此背景下，本章聚焦于气候变化的历史归因与气候谈判的政治博弈，特别是各国的碳排放权、发展权问题。面对极具挑战的气候变化，未来各国应当如何行动，才能将气候变化控制在人类星球所能承受的范围内？

第一节　拨云见日探气候归因

气候变化的原因十分复杂，目前认为观测到的气候系统变化是由三种因素叠加的结果：一是由于大气、海洋和陆地之间相互作用而产生的气候系统内部变率；二是由自然强迫引起的自然变化；三是由人类活动引起的人为变化。气候变化无疑是多因素共同作用的结果，也是人类活动加剧气候变暖的过程。

一、气候变化的自然归因

工业革命前，自然要素的变化是气候变化的主要原因。如太阳黑子的活动周期变化会影响地球上的冷暖变化；地球偏心率和地轴倾斜度的变化会影响地球接收太阳辐射的变化，从而影响气候变化；火山爆发的火山灰尘以及硫酸气溶胶能进入平流层，从而影响太阳辐射以及地面辐射变化；大气环流的变化会直接影响洋流运动，从而影响天气变化；森林植被破坏、大陆漂移等下垫面性质的变化也会引起气候变化等。

二、气候变化的人类角色

工业革命后，全球的气候变化在自然因素作用的基础上，叠加了人类活动的作用，特别是工业革命以来由人类活动导致的反自然变化趋势。随着传统化石能源被大规模利用，人类活动排放的温室气体逐渐增多，对气候变化的影响也逐渐加深。人类活动影响气候变化的途径主要有三种：改变下垫面的性质、人为改变大气成分以及人为进行热量释放。

根据 IPCC 第六次气候变化评估报告的预估，在未来几十年里，所有地区的气候变化都将加剧。全球升温 1.5℃时，热浪将增加，暖季将延长，而冷季将缩短；全球升温 2℃时，极端高温将更频繁地达到农业生产和人体健康的阈值。在高于 66% 概率的情况下，如果要将人类造成的升温幅度总量控制在不超过 1861~1880 年期间升温 2℃的水平上，则需要将自 1870 年以来所有人为来源的 CO_2 累积排放量控制在约 2900 $GtCO_2$ 以下（IPCC，2015）。然而，到 2011

年，人类已经排放了大约 $1900GtCO_2$。

三、气候变化的全球贡献

（一）全球的贡献

大量的观测事实和气候模式都证实了人类活动对气候变化的影响。工业革命以来，人类排放了大量温室气体，使得气候向不可逆转的方向发展。有学者利用多个气候模式的结果，结合检测和归因技术，试图估算出工业革命以来人类对气候变暖的贡献。分析结果表明，相对于 1850～1900 年，2010～2019 年全球平均表面气温的变化为 0.9～1.2℃，人为变暖贡献的范围为 0.8～1.3℃。其中，温室气体和气溶胶对于升温的贡献是相反的，过去十年温室气体和气溶胶造成的升温分别为 1.2～1.9℃ 和 -0.7～-0.1℃，即温室气体增加导致升温，而气溶胶增加导致降温（Gillett et al.，2021）。自然变率造成的升温幅度很小，可以忽略不计。上述结果说明，迄今为止，人类活动造成的升温已经接近《巴黎协定》中 1.5℃ 的阈值，人类社会需要尽快采取有力的措施来减缓气候变暖。

（二）中国的贡献

我国年 CO_2 的排放大致分成 3 个阶段：第一阶段是新中国成立初期到改革开放时期，这段时间的碳排放量呈缓慢增长的趋势；第二阶段是 2000～2010 年，我国碳排放量快速增长，人均排放量大幅增加，到 2005 年，我国已成为全球第一大温室气体排放国，但人均温室气体排放量远低于美国、欧盟等发达国家和经济体，见图 4－1；第三阶段是 2010～2020 年，我国碳排放量趋于平稳和波动，到

2019 年已达到 101.7 亿吨；2020 年尽管受到了疫情影响，但我国经济快速恢复，碳排放量增长 0.08%，达到了 102.51 亿吨（Liu et al.，2021）。

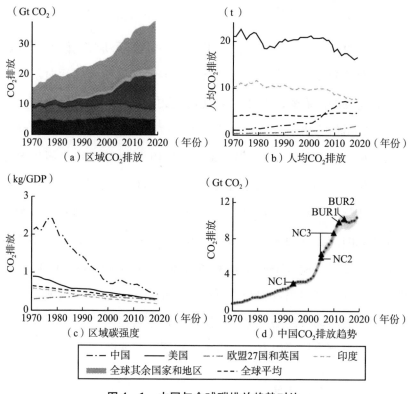

图 4 - 1　中国与全球碳排放趋势对比

资料来源：Liu et al.（2021）.

（三）世界各国和地区的贡献

有学者研究了全球 15 个主要区域对全球辐射强迫（RF）的贡献，结果显示，美国、欧盟前 15 个成员国（EU15）和中国是贡献最多的三个国家和地区（Fu et al.，2021）。1850～2014 年间，美

国、EU15 及中国分别贡献了全球气候变化的 21.9%、13.7% 和
8.6%，中国对全球变暖的贡献不足美国的 40%。俄罗斯（8.2%）、
印度（6.2%）、日本（3.9%）、巴西（3.5%）等国的贡献也不容
忽视（Fu et al.，2021）。

第二节 峰回路转话气候谈判

气候变化谈判经历了漫长且曲折的历程。1988 年，在多伦多召
开的气候变化大会呼吁各国采取政治行动，着手制定保护大气的行
动计划，将气候变化问题从科学议程引向了国际政治议程。自此，
气候政治从边缘走向了中心，气候变化问题从一个科学问题逐步演
变成了政治博弈。发达国家和发展中国家开启了共同保护环境、达
成减排协议的气候谈判之路。

一、气候谈判的曲折历程

1992 年 5 月，联合国政府间谈判委员会就气候变化问题通过了
《联合国气候变化框架公约》（UNFCCC），并于同年 6 月在巴西里
约热内卢召开的联合国环境与发展大会期间开放签署。这个公约以
应对全球气候变化为主要目标，是当前国际合作的基本框架。此后
气候变化大会上的气候谈判，都是以 UNFCCC 为基础的。1995 年
起，UNFCCC 缔约方每年召开缔约方会议（Conferences of the Par-
ties，COP），评估公约实施的进展与机制，并讨论如何向前推进应
对气候变化的行动。表 4 - 1 介绍了部分重要会议达成的协议、争论

焦点、困境和影响。

表 4 - 1   重要缔约方协议的争论焦点、困境和影响

年份	协议名称	争论焦点	困境	影响
1992	《联合国气候变化框架公约》	人类应与自然和谐一致；可持续发展	世界各国态度懈怠；发达国家技术资金支援不到位	确立国际合作应对气候变化的基本原则；"可持续发展"这一概念深入人心
1997	《京都议定书》	针对38个发达的工业国家制定减排任务	发展中国家缺乏资金和技术；部分发达国家并未遵守协定	一定程度上减少了温室气体的排放，减缓了气候变化的过程
2007	"巴厘岛路线图"	"双轨制"	发达国家与发展中国家在技术、资金等方面的分歧	加强了国际合作；提升了各国履行气候公约的积极性；明确各国减排行动
2009	《哥本哈根协议》	全球变暖幅度应控制在2℃以内；发达国家和发展中国家的责任分配；各方的减排目标	发展中国家和发达国家在是否继续坚持"共区"原则、资金支持和技术转让等问题上存在分歧	就各国减排行动作出了安排；在全球长期目标问题上达成了广泛共识
2015	《巴黎协定》	提出努力将气温升幅限制在1.5℃内的目标	在碳交易市场机制运行等方面的分歧；部分国家对建立赔偿机制的要求	标志着国际气候谈判模式的转变；对未来全球气候治理影响深远
2019	完善《巴黎协定》	国际碳市场机制何去何从？	国际碳市场机制建立面临问题；市场机制和实施细则的制定要完整严谨，并满足各方的利益诉求	确认了非缔约方利益攸关方在促进实现目标中的重要作用

续表

年份	协议名称	争论焦点	困境	影响
2021	《格拉斯哥气候公约》	海冰范围达历史低点；主要碳排放国的 NDC 目标增幅低；确定全球升温控制在 1.5℃ 的目标	没有解决每个国家在未来十年内应减排多少和以何等速度减排的问题	批准了建立全球碳市场框架的相关规则

资料来源：樊星等（2020）。

（一）《联合国气候变化框架公约》

UNFCCC 规定了最终目标，即将大气温室气体的浓度稳定在防止气候系统受到危险的人为干扰的水平上。承认发展中国家有消除贫困、发展经济的优先需要，承认发展中国家的人均排放仍相对较低，因此在全球排放中所占的份额将增加，经济和社会发展以及消除贫困是发展中国家首要和压倒一切的优先任务。

（二）《京都议定书》

《京都议定书》规定 38 个工业化国家在 2008～2010 年内应将温室气体的总排放量控制在比 1990 年减少至少 5.2% 的水平上。两个发达国家之间可以进行排放额度买卖的"排放权交易"，即难以完成削减任务的国家，可以花钱从超额完成任务的国家买进超出的额度。采用绿色开发机制促使发达国家和发展中国家共同减排温室气体。逐步减少或消除各部门违背 UNFCCC 目标的市场缺陷，并实施财政激励、关税免除的手段。

（三）"巴厘岛路线图"

"巴厘岛路线图"确认了 2020 年前将温室气体排放量相对于

1990 年排放量减少25% ~40%，对减排温室气体的种类、主要发达国家的减排时间表和额度等作出了具体规定。应对气候变化应考虑采取"正面激励"措施，发达的国家向落后的国家转让环境保护技术，并提供资金和技术帮助。鼓励发展中国家保护环境，减少森林砍伐等。考虑向欠发达的国家提供紧急支持，如灾害和风险分析、管理，以及减灾行动等。

小贴士：美国最后关头同意"巴厘岛路线图"

2007 年12 月15 日，联合国气候变化大会最后一天的会议在印度尼西亚巴厘岛国际会议中心举行。美国代表团团长、负责全球事务的副国务卿葆拉·多布里扬斯基当天早些时候说，美国将反对"巴厘岛路线图"，会场一阵嘘声。美国的反对使大会迟迟无法达成协议，各国代表因此疲惫不堪。时任联合国秘书长潘基文对会议没有进展感到失望，恳求道："请珍惜这一刻，为了全人类。我呼吁你们达成一致，不要浪费已经取得的成果。我们这个星球的现实要求我们更加努力。"经过艰苦的谈判，美国终于在最后关头表示："我们将向前迈出一步，同意多数人的意见"。这就使得"巴厘岛路线图"得以通过，现场顿时爆发出一片欢呼声。

（资料来源：http://www.china.com.cn/fangtan/zhuanti/zghbjxs/2007 - 12/17/content_9390546.htm。）

（四）《哥本哈根协议》

协议主要内容：全球碳污染排放量在 2050 年前减至 1990 年排放量的一半；在 2020 年前，发达国家每年向发展中国家提供 1000

亿美元的气候资金，以此控制气候变暖的趋势；明确需要进行国际合作，澄清公约框架下所采用的治理结构至关重要；在技术开发与转让行动方面，决定设立一个"技术机制"加速技术开发与转让，支持减缓和适应行动。

小贴士：丁仲礼院士谈哥本哈根大会

哥本哈根会议出现了一个十分具有挑战性的议题，即"合理分配各国的碳排放权"。对此，国际上提出了7种减排方案。中科院副院长丁仲礼院士认为，目前这些减排方案都存在缺陷，其中的某些内容明显对发展中国家不公。比如：根据这些方案，发达国家在2006~2050年的人均排放权是发展中国家的2.3~5.4倍，这将把目前已经形成的巨大贫富差异固定化，在道德上是邪恶的。在长期排放权分配上，无疑应该向发展中国家倾斜。这不仅仅是因为历史排放的问题，还因为发展中国家在发展过程中不得不产生的排放，而发达国家现在排放中的一大部分已经是奢侈排放。丁仲礼院士强调，在控制大气 CO_2 浓度增高问题上，需要一个完整的国际责任体系，这个国际责任体系必须建立在公平正义的原则之上。然而，目前的各个方案都没有体现这个原则，因此不应该作为长期减排的谈判基础。

（资料来源：（1）https://www.chinanews.com.cn/gn/news/2009/12-17/2022288.shtml；（2）https://www.cas.cn/zt/sszt/gbhg/200912/t20091217270 9989.shtml。）

（五）《巴黎协定》

《巴黎协定》主要内容：各缔约方承诺，到21世纪末，在工业化前水平上，要把全球平均气温升幅控制在 2℃以内，并提出了努力将气温升幅控制在 1.5℃内的目标。全球将尽快实现温室气体排放达峰，在 21 世纪下半叶实现温室气体净零排放。各方将以"自主贡献"的方式参与全球应对气候变化行动。发达国家将继续带头减排，协助发展中国家在减缓和适应两方面提供资金、技术和能力建设支持，继续履行在 UNFCCC 下的义务。

（六）《格拉斯哥气候公约》

《格拉斯哥气候公约》主要达成了以下四项共识：（1）全球共识。气温上升应控制在 1.5℃之内，到 2030 年将全球 CO_2 排放量削减将近一半，在 2022 年提出新的 NDC 排放目标，并接受年度审查；许多国家在第 26 届联合国气候变化大会（COP26）前后宣布了"净零排放"承诺。（2）国家共识。46 个煤炭大国签署了《全球煤炭向清洁能源转型的声明》，将逐步减少煤炭的使用；拥有 85% 森林面积的 100 多个国家承诺，到 2030 年之前阻止和逆转森林和土地退化的趋势；90 多个国家加入"全球甲烷承诺"，计划到 2030 年将甲烷排放减少至 2020 年的 70%。（3）资金共识。要求发达国家尽早实现为发展中国家每年提供 1000 亿美金气候资金支持的承诺，并将该承诺延续至 2025 年；要求发达国家在 2025 年前将向发展中国家提供的气候资金支持在 2019 年水平基础上增加一倍，国际金融机构必须发挥作用，努力动员筹备全球净零排放所需的数万亿私营和公共资金。（4）合作共识。敲定《巴黎协定》的实施细则即《巴黎规则手册》，通过政府、企业和民间社会之间的合作，加快应对气候危机的行动。

小贴士："取消"还是"减少"化石燃料

在《格拉斯哥气候公约》表决程序启动时，因印度环境部长布彭德·亚达夫对其中的部分减排条款提出了异议，会议被迫延后一天，达成的协议一度濒临破裂。他发问说，当发展中国家仍然把发展和减贫作为主要议题时，如何能承诺"取消煤炭和化石燃料补贴"？在印方的强烈坚持下，"phase out"（逐步淘汰）被修改为"phase down"（逐步减少）。对此，各国的态度大有不同：中国、美国对印度的提议表示支持；欧盟、英国及一些小岛国家则反对印度的异议。从传统的化石资源转变为新能源资源的困难，也说明了国际气候合作难以达成一致。

（资料来源：https://www.bjnews.com.cn/detail/163689167014829.html。）

二、气候谈判的政治博弈

（一）减排问题

气候谈判启动以来，各国及地区围绕减排问题争论不休，各方所持态度差异巨大。一直以来，欧盟都在引领减排，在减排问题上占据相当大的话语权。这是因为，欧盟作为一个成熟且稳定的经济体，减排成本低，有较大优势。相反，美国作为当今世界唯一的超级大国，在减排方面的态度是极为消极的，甚至抵触减排机制。对发展中国家来说，发达国家鼓吹的发展中国家"环境威胁论"以及对发展中国家的分化、打压，使得发展中国家更有必要在错综复杂的气候谈判中团结起来，谋求话语权。

在京都会议上，一些发达国家提出发展中国家要自愿承诺减排。美国提出主要的发展中国家要在温室气体排放中"有意义地参与"。发展中国家则坚持"共同但有区别的责任"，认为发达国家才是气候问题产生的罪魁祸首。

（二）公平问题

"共同但有区别的责任"原则在 1992 年的巴西里约热内卢联合国环境与发展大会上就已确立，是应对气候变化问题的基础性原则，需要得到世界各国的认同。该原则是指：考虑到全球生态系统的整体性以及环境退化的各种不同因素，国际环境法各主体应共同承担起保护和改善全球环境并最终解决环境问题的责任，但在承担责任的领域、大小、方式、手段以及时间等方面应当结合各主体的基本情况区别对待。"共同但有区别的责任"原则源于发达国家的巨额排放（历史排放）和能力优势（技术和财力资源），是国际环境法的重要原则。

在应对气候变化的过程中，"共同但有区别的责任"原则和行动经历了三个阶段：第一阶段为 1990～1999 年，1992 年的里约热内卢气候谈判正式确立了"共同但有区别的责任"，并将其写入《气候变化框架公约》，强制发达国家率先减排，并为发展中国家应对气候变化提供资金和技术支持。这一阶段各国承认"共同的责任"，但强调发达国家和发展中国家"有区别行动"。第二阶段为 1999～2015 年，强制发达国家和发展中国家共同减排。在这一阶段，发达国家拒绝承担更多的责任，拒不履行向发展中国家提供气候资金和技术支持的承诺，导致应对气候变化陷入停滞不前的窘境。第三阶段为 2015 年至今，巴黎气候峰会上达成协议，发达国家和发展中国家根据国情，提供国家自主贡献（NDC）实现减排。这一阶段强调"共同的责任"，弱化"有区别的责任"，达成了全球共同行动的目标。

第三节　气候责任兼顾公平发展

一、气候变化的碳排放权划分

碳排放权是指权利主体为了生存和发展需要，由自然或法律所赋予的排放温室气体的权利，也是具有价值的资产，可以作为商品在市场上进行交换。减排困难的企业可以向减排容易的企业购买碳排放权，后者替前者完成减排任务，在国家层面也是如此。

（一）碳排放权分配的基本原则

分配原则体现了碳排放权交易制度的价值取向，指导着分配方法。因此，在确定分配方法之前，必须先确定分配原则。国际上最重要的原则是"共同但有区别的责任"原则，在此基础上，公平原则、责任原则、效率原则等也相继被提出。

（1）公平原则。该原则实际上是不同国家在应对全球气候变化中享有的权利和承担的义务，体现的是"共同但有区别的责任"原则中的"区别"。由于发达国家和地区具备更好的经济条件和更先进的减排技术，因此在应对气候变化中应当承担更大的减排义务。《京都议定书》对发达国家提出了强制性减排要求，而对发展中国家没有硬性要求，如清洁发展机制（CDM）要求发达国家为发展中国家提供资金、技术支持，帮助发展中国家或落后地区减排，充分体现了公平原则。

（2）责任原则。责任原则来源于"共同但有区别的责任"原则中的"共同"。《京都议定书》中规定了发达国家和发展中国家的不同责任，在随后的《巴黎协定》中，转变为各国以"NDC"方式应对全球气候变化，这表明在应对气候变化问题上，不管是发达国家还是发展中国家都具有不可推卸的责任。

（3）效率原则。效率原则包括管理和经济两个方面，从管理效率角度来看，在碳排放权配额初始分配阶段应当以最小的管理成本获取最大的收益，也就是需要以最小的成本将碳排放权配额资源进行合理分配。如果一味追求绝对公平而将碳排放权初始分配方法设计得十分复杂，那么将会影响分配效率，不利于该制度的顺利开展。从经济效率角度来看，碳排放配额是一种稀缺资源，只有分配到需求最强烈的企业，才可能实现碳排放产出最大化，实现资源的最优配置。

（二）未来碳排放权的中国态度

2020年9月，国家主席习近平在第七十五届联合国大会一般性辩论上宣布：中国将提高NDC力度，采取更加有力的政策和措施，CO_2排放力争于2030年前达到峰值，努力争取2060年前实现碳中和。2021年4月22日，应美国总统拜登的邀请，国家主席习近平在北京以视频的方式出席领导人气候峰会，并发表题为《共同构建人与自然生命共同体》的重要讲话，指出共同但有区别的责任原则是全球气候治理的基石。要充分肯定发展中国家应对气候变化所做的贡献，照顾其特殊困难和关切。发达国家应该展现更大雄心和行动,同时切实帮助发展中国家加速绿色低碳转型。

碳排放权交易市场(以下简称"碳市场")是中国实现碳达峰、碳中和目标的重要政策工具。2021 年,我国碳市场正式上线交易,中国碳市场将成为全球覆盖温室气体排放量规模最大的市场。碳市场可以利用社会资本力量实现资源的有效配置,推动碳减排行动的实施。

未来,全球将基于碳市场、碳税等建立统一的碳交易市场体系。我国建设碳市场、应对气候变化方面的务实行动得到了国际社会的高度关注和积极评价。碳市场的建立彰显了中国作为负责任大国的担当以及走绿色低碳发展道路的坚定决心,具有十分深远的意义。

二、气候变化的责任划分

(一)气候变化的责任划分原则

气候变化的责任划分原则一共有四种,包括一个指导性原则和三个分配应对气候变化的原则。指导性原则指"共同但有区别的责任"原则,三种分配应对气候变化的原则分别是历史责任原则、污染者付费原则、受益者付费原则。

(1)"共同但有区别的责任"原则。气候变化问题是一个全球性问题,应对气候变化是全球的共同责任。有区别的责任则是在综合考量各国的经济状况、科技实力、发展方式后为不同的国家制定不同的任务指标等,是基于各国的历史地位及现实状况决定的。不论是发达国家还是发展中国家都应该减少 CO_2 和其他温室气体的排放,但发达国家既有技术又有资金,应该带头减排,并帮助发展中国家减缓和适应气候变化(姚天冲和于天英,2011)。

（2）历史责任原则。该原则是基于排放与收益或损害之间的因果联系而提出的，全球变暖是长期作用的结果，而发达国家在历史工业化进程中排放了大量的温室气体，对全球变暖的影响不可小觑，理应承担更多的减排责任。但该原则在实行过程中遇到了诸多问题，一是难以判定前代人的责任；二是之前造成污染的人为主体可能已经离世或老去，难以对其进行追责，导致当前的利益相关者可能借此否定当下和未来的责任。

（3）污染者付费原则。该原则指承担主要减排责任的应当是温室气体的错误排放者——无论是过去的排放者，还是现在的排放者。这一原则的核心是界定合理排放和超额排放之间的界限，实施的关键在于考虑当前的排放责任，也就是将补偿义务归咎于当代人的新近排放。但是这一做法在实践中仍然遭遇到了困境，原因在于该做法可能会陷入公平陷阱，即抛弃发达国家的历史排放责任而过多地追究当前发展中国家的排放责任。这实质上是将发达国家的历史责任一笔勾销，将发展中国家的责任放大，这样的"付费原则"对发展中国家显然是不公平的（朱晓勤和温浩鹏，2010）。

（4）受益者付费原则。该原则是指无论是否属于排放的制造者，只要享受了排放所带来的利益，就应当付费，体现了共同承担责任的要求。温室气体排放的后果有一些是有益的，也有一些是有害的，对此进行明确的鉴别显然是一个很难的科学与社会问题。

（二）气候谈判确定的责任担当

在气候谈判的历程中，各国承担的责任的判定需要从三个方面出发，即历史责任、全球公平和承诺行动。

第一，发达国家强调责任共担，回避区别责任，而发展中国家则强调历史责任和区别责任。UNFCCC 因此确定了"共同但有区别的责任"原则，明确需要发达国家承担历史责任，兑现气候融资承诺，给予气候技术援助。

第二，应对气候变化是全人类的问题，需要各方以公平的、负责任的态度来应对。发达国家在工业化过程中利用完全免费的排放空间实现了发展，而当前发展中国家需要发展的时候，这一排放空间却不再免费了，这显然是不公平的。

第三，发达国家应该遵照 UNFCCC 的规定，率先承担减排责任，并为发展中国家应对气候变化提供资金、技术、能力建设等方面的支持，而发展中国家也要采取积极行动，基于本国的国情，进一步加强减缓、适应气候变化的相关行动和措施。

三、国家自主贡献

（一）国家自主贡献模式

在全球性气候问题上，由于发达国家和发展中国家的矛盾与分歧长期未得到解决，气候问题治理进程缓慢。在"共同但有区别的责任"原则发展的过程中，国际社会逐渐意识到，应该将"区别责任"作为基础，"共同原则"作为要求，随之诞生了国家自主贡献（NDC）模式。这标志着应对气候变化的国际合作进入了一个新的阶段，从强调"有区别责任"阶段，进入了强调"共同责任"阶段。

NDC 模式是《巴黎协定》中最核心的制度，指的是气候变化公约各缔约方根据各自国情和发展阶段确定的应对气候变化行动目标。与"自上而下"的国际制度（如《京都议定书》）不同，NDC

模式属于"自下而上"的全球气候治理模式。根据巴黎大会决议和《巴黎协定》有关要求，在制定 NDC 目标时，需体现以下内容：目标范围、目标覆盖、时间框架、定量目标的数值及其核算方法，且各缔约方应该每五年通报一次本国的 NDC。

NDC 模式是国际谈判确定的全球气候治理模式。这种历史性的选择兼顾了公平和发展的原则，考虑到了发展中国家和发达国家的历史贡献和现实条件。NDC 模式明确了全球各国自身应对气候变化所要采取的行动及目标，为全球各国加强合作，共同应对气候变化提供了条件，各个国家将在气候资金、技术合作、能力建设等方面加强合作。

（二）国家自主贡献与气候谈判

NDC 模式意味着各国应根据自己的国情、发展阶段和能力决定本国应对气候变化的行动和减排贡献。这样的包容性增强了世界各国参与气候治理的广泛性与积极性，有助于各缔约方切实履行减排承诺。这种灵活性能够克服两分法的政治"瓶颈"，有效回应全球气候治理进程面临的复杂性，注重挑战的"政治本质"。与指令性指标相比，该模式提供了一种制度性环境，规定了明确和客观的程序，能够实现有效的气候治理。

但是，从谈判角度而言，各国能否真正实现"国家自主决定"仍受很多因素影响，具有很大的不确定性。毕竟，国际气候变化政治进程的根本理念是在斗争中取得合作和共赢。对于广大发展中国家而言，能力上的不足往往可能使 NDC 模式无法或难以完全实现。而且，该模式可能会成为发达国家逃避责任的理由。

第五章

气候变化的影响和脆弱性

本章从不同领域和不同角度描述了气候变化带来的多种影响和风险，分析了全球升温1.5℃和2.0℃的影响和区别，特别是对人类生存家园的破坏，包括沿海城市、岛屿和国家的消失，阐明了全球控温的重要性。

第一节　气候变化的影响和风险

IPCC的研究报告《气候变化2022：影响、适应和脆弱性》提供了对气候变化的影响、风险和适应的重要分析，为全球应对气候变化提供了科学依据（IPCC，2022a）。该报告确定了不同部门和地区的127个关键风险，并归纳了8个具有代表性的关键风险。8个关键风险包括低洼沿海地区、陆地和海洋生态系统、关键基础设施和网络、生活水平、人类健康、粮食安全、水安全、安全与人口流动。未来，全球生态系统和人类活动面临的气候变化的多种影响和风险将进一步增强，而风险的等级在很大程度上取决于近期的升温水平、脆弱性、暴露度、社会经济发展水平和适应措施（王蕾等，2022）。

一、天气和气候极端事件频发

我们处在"人类世"和"气候危机"状态，气候变化引起的极端天气事件不胜枚举。2019 年的澳大利亚森林大火和美国得克萨斯州极寒天气，2021 年的郑州暴雨和塔克拉玛干沙漠的洪水。2022 年，南极地区出现了罕见的 20.75 摄氏度的高温，这是人类有记录以来在南极测量到的最高温度。

在中国，《2022 柳叶刀人群健康与气候变化倒计时报告》指出，与 1986～2005 年的平均值相比，2021 年中国人均多经历了 7.85 个热浪天，相关的经济损失达到国内生产总值（GDP）的 1.68%。气温上升还导致野火增加了 62.7%。与历史基线时期相比，中国居民的健康受极端降雨量和登革热疾病的影响在 2011～2021 年间呈现上升趋势。2022 年 8 月，根据中国国家气候中心近日监测评估，从 2022 年 6 月 13 日开始的区域性高温事件综合强度已达到自 1961 年有完整气象观测记录以来的最高强度。川渝地区的极端天气连续刷新了气温最高和持续时间最长的纪录，造成了严重的山火和拉闸限电，严重影响了当地居民的生产生活。气候变化引发的一系列极端天气事件正为人类敲响警钟。

小贴士：沙漠变"海洋"

2021 年 7 月，塔克拉玛干沙漠北部边缘，天山南部的中国石化西北油田玉奇片区遭遇洪水侵袭，淹水面积高达 300 多平方公里。

最终导致油区道路多处冲堤溃坝，电线杆倾倒，近50辆勘探车辆、3万套设备被洪水淹没。

（资料来源：http：//data.cma.cn/en/? r = site/article&id = 41185.）

二、海平面上升

海洋是生命之源，同时也是巨大的气候调节器。然而，在气候变暖的大背景下，全球海平面持续上升，给人类社会的生存发展带来了严重挑战。2021年11月发布的《中国版柳叶刀倒计时人群健康与气候变化报告（2021）》显示，全世界有近6亿人生活在海平面以上不到5米的地方，大约有1/3的人口生活在沿海岸线60公里的范围内（Romanello et al.，2021）。在最坏的情况下，到2100年，全球海平面将至少上升2米（IPCC，2021）。海平面持续上升最直观的结果是海岸线溃退，陆地遭到蚕食，一些沿海地区将不复存在。如果局面持续恶化，全球主要的沿海城市，如上海、东京、纽约等，都存在被淹没的可能，诸如荷兰、新加坡等沿海国家，可能面临的最坏结局是整个国家从地图上消失。

人们通常认为海平面上升的原因主要是冰川融化，但IPCC给出的报告颠覆了这一看法——导致海平面上升的主要原因并不是冰川融化，而是海水的热膨胀效应。值得一提的是，冰川融化释放出的巨量淡水，将会增加大气层中的水汽含量，而水汽具有非常明显的温室效应，反过来又会加速冰川融化，形成我们不愿见到的恶性循环。

小贴士：拱门冰山的消逝

"拱门冰山"是格陵兰岛西侧迪斯科湾的著名景点。2015年

11 月，随着气候变暖加剧，高约 50 米的拱门冰山发生了坍塌，变成了月牙状，这也意味着大自然的鬼斧神工拱门冰山正式成为人们的回忆。

（资料来源：http://travel.cnr.cn/list/20151125/t20151125_520592691.shtml.）

三、栖息地丧失

栖息地丧失除了与森林砍伐、过度开发等人为因素相关外，也与气候变化密切相关。长期来看，气候变化与栖息地丧失之间相互影响、相互强化。气候变化引起的温度和降水变化会导致动物栖息地的丧失，使其赖以生存的生态系统枯竭。栖息地中生物多样性的丧失会降低自然储存碳的能力，从而加剧气候变化。据《自然·气候变化》（*Nature Climate Change*）预测，如果全球变暖现象得不到改善，到 2100 年，南极栖息地缩减将导致企鹅数量或下降 40% ~ 99%，南极企鹅甚至将在 21 世纪灭绝！

四、改变生物演化进程

气候变化不仅是人类面临的挑战，也是自然界动物面临的严峻挑战。目前，两栖动物是受地球气候危机影响最严重的，世界自然保护联盟已列出包含超过 38500 个濒危物种的红色名录，其中两栖动物占了 41%（Cayuela et al.，2021）。两栖动物在遭遇气候极其寒冷或是冰、雪等恶劣天气时，身体会进入高代谢状态从而延缓衰老，这一维持高代谢状态的时期被称为"越冬"。但若气候温度较高的话，两栖动物的代谢过程就会遭到干扰，代谢减缓，进而加速它们的衰老。与此同时，随着气候变暖，一些恒温动物为了更好地调节体温，形体正在发生变化。研究表明，自 1871 年以来，由于夏季气温的升高，澳大利亚的几种鹦鹉的喙的大小平均增加了 4% ~ 10%（Ryding et al.，2021）。北美黑眼灯芯草雀是一种小型鸣禽，在寒冷环境中，喙的增大与短期极端温度之间存在联系。

小贴士：气候变化正加速动物的衰老

2021 年，《美国国家科学院院刊》（PNAS）上的一项研究显示，气候变暖正加速动物的代谢进程。研究发现，在温暖的环境中，以青蛙、蟾蜍为首的两栖动物的衰老速度比以往任何时候都快。此外，其他两栖动物也面临着加速衰老的问题，但衰老速率有所差异。雌性两栖动物在较低温度下比雄性衰老速度更快，而雄性两栖动物则恰恰相反，在较高温度下衰老速度比雌性要快。

（资料来源：Cayuela et al.（2021）.）

五、威胁农业生态系统和粮食安全

气候变化对农业生态系统产生了直接和间接的影响。直接影响是气候物理特性对其产生的影响，例如温度、降水在一年中的分布对特定农业生产可用水量的影响；间接影响是通过其他物种的变化对农业产生的影响，如传播花粉的昆虫、害虫、携带疾病的物种等的变化。

气候变化主要通过温度、降水、CO_2 浓度、极端气候事件等因素直接影响粮食生产，在不同的区域和不同的季节对粮食生产产生严重影响。国际著名学术杂志 *Environmental Research Letters* 的一项研究显示，气候变化导致小麦和玉米平均每 10 年分别减产 1.9% 和 1.2%。到 2050 年，气候变化将导致全球人均可用食物量减少

3.2%，人均水果和蔬菜的摄入量将削减4.0%，降至14.9克每天；红肉消耗量将削减0.7%，降至0.5克每天（Leclère et al.，2014）。

气候变化对我国的粮食生产也产生了较大的影响，出现了所谓的"种植带北移"现象。据《农民日报》报道，自1990年以来，我国南方双季稻可种植北界北推近300千米，冬小麦种植北界北移西扩20千米～200千米，促进了作物的稳产高产。气候变化也使小麦和玉米单产分别降低了1.27%和1.73%，全国耕地受旱面积增加。

六、影响人类健康

全球气候变化通过多种复杂路径直接或间接对人类健康产生了广泛而复杂的不利影响。例如，增加传染性疾病，导致急性伤害或过早死亡、热应激和中暑、急性肾损伤、充血性心力衰竭加重等。特别是在极端高温期间，儿童面临着电解质失衡、发烧、呼吸系统疾病和肾脏疾病等风险。世界卫生组织称，由于全球气候变化，预计2030～2050年期间，每年因热应激、营养不良、腹泻、疟疾、人口迁移死亡的人数将达到约25万人。

此外，气候变化也可能对有心理健康问题的人群产生显著影响，特别是对患有抑郁症和其他心理健康问题的特定人群。疾病控制和预防中心表示，自杀率会随着气温升高而增加。极端温度也会改变某些药物（例如治疗精神分裂症的药物）在体内的作用方式。此外，气候变化可能会延长昆虫传播感染的季节时间，扩大昆虫感染的区域范围，进而增加昆虫疾病的传播和水疾病传播的风险。降雨方式的变化，也会增加人们因腹泻导致的水传播疾病和传染病的风险。

第二节 消失的人类家园

全球变暖将导致一系列的负面后果，甚至威胁到人类的生存家园。未来，海平面的上升不仅将淹没沿海城市、岛屿国家，随之而来的还有对生态、环境、人类生活等方面的影响，全球数亿人都可能面临家园危机。

一、沿海城市

IPCC 讨论了气候变化对全球生态系统和人类社区的影响。到 2100 年，在最坏的情况下，全球海平面将至少上升 2 米（IPCC，2021）。如果不迅速做出改变，世界将达到"不可逆转"的状态。

尽管全球城市用地仅占世界土地总面积的 2%，但在海拔低于 10 米的沿海地带，有 10% 的土地已经被城市化或准城市化，是全球经济最发达的区域之一。目前，全球城市土地总面积的 13% 位于低海拔沿海地区。沿海城市居住着全球 11% 的人口。日趋严重的气候变化对沿海地区城市造成了严重的侵害，未来将有近 10 亿人口面临生存危机，其中发展中国家遭受的损失尤为严重（Hawker et al.，2019）。由于海平面上升等原因，沿海城市遭受风暴潮和洪涝等灾害的频率、强度和范围都在增加。与此同时，海平面上升使风暴潮和洪涝等灾害的破坏能力加强，遭受灾害的沿海地区范围扩大，严重危及人们的安全。如果不采取相关的适应措施，即使是在较低的海平面上升情景下（RCP2.6），到 21 世纪末，沿海地区的洪水灾害损失风险也将增加 2~3 个等级，达到灾难性等级。因此保障沿海城市与人口福祉，是未来世界面临的首要难题。

《2020 年中国海平面公报》指出，1980~2020 年，中国沿海海平面呈加速上升趋势，平均上升速率为 3.4 毫米每年，且以 0.07 毫米每年的速度增加；1993~2020 年，中国沿海海平面上升速率为 3.9 毫米每年，高于同期全球 3.3 毫米每年的平均水平（王慧等，2020）。中国沿海省份，海拔低于 10 米的区域面积约为 12.6×10^4 平方千米，是全球低海拔地区人口最多的国家。海平面上升使得这些沿海区域和沿海城市容易受到风暴潮、滨海洪涝等的威胁。

二、岛屿

气候变化使海平面上升，进行导致岛屿也面临着被淹没的风险。世界上最大的岛屿——格陵兰岛边缘的 170 万平方千米的冰架在每年夏季定期融化。但在 2016 年，融化时间开始提前，且在向岛内扩展。研究显示，格陵兰岛冰川的融化速度比原先预想的要快得多，2003~2013 年，该地区的冰川融化了将近 2.7 万亿吨，显著高于之前估计的 2.5 万亿吨。鉴于此，科学家急切希望找出背后的原因。经研究发现，生物和物理过程是共同导致格陵兰岛冰川迅速融化的"元凶"。另外，反常的温暖夏季可能促进了微生物和藻类在日渐湿润的冰架上生长，增加了冰架对太阳能的吸收，进而加速了冰川融化。

对于中国而言，岛屿在经济、主权、军事等方面发挥着重要的作用。我国有着漫长的海岸线，岛屿数量众多。海平面上升会对我国的一些岛屿产生严重的影响。以海南岛为例，海平面上升将减小沙滩的面积，使旅游业的发展受到一定影响。据预测，海平面上升50厘米，三亚滨海旅游区沙滩面积的平均损失率为24%（石海莹等，2018）。

三、国家

海平面上升对岛屿国家和沿海国家的影响巨大。对于一些小岛屿国家而言，其经济发展主要依靠自然资源，依靠渔业、旅游业等产业，然而由于岛屿生态系统的封闭性，小岛屿国家的生态系统较为脆弱，容易受到海平面上升的影响。海平面上升对岛屿国家生态系统的破坏将直接影响经济的发展和国民的生存，加剧沿岸的洪水和海浪，增加海浪的高度，侵蚀海岸，减少人们的生活和生产空间，并减少岛屿国家的淡水资源。

对于沿海或具有岛屿领土的国家，海平面的变化同样有着重要的影响。沿海城市承载着重要的经济和交通功能，是国家与世界进行经济等活动的重要窗口。岛屿是国家重要的海上领土，承担港口、海上停靠点、陆地与海洋连接点、维护海洋权益和国家边界安全的重要职能。但是，沿海地区和岛屿对海平面上升的适应能力较差，海平面上升将直接影响到沿海城市和岛屿的可持续发展，也将对整个国家的经济发展造成多方面的影响。

海平面上升对沿海或岛屿国家的影响还可能扩大至整个国际社会。具体来看，海平面上升淹没沿海地区或岛屿，将导致大量的人口失去家园，小岛屿的发展中国家缺少足够的资金购买他国的土地或人为建造岛屿来安置因海平面上升而失去居住地的人们，进而造成了气候难民问题。气候难民在国际间的流动和非法入境将增加难民流入地的经济支出和负担，引发社会冲突。

第三节　升温1.5℃还是2.0℃

2015年12月12日，法国巴黎气候变化大会通过了《巴黎协定》，对2020年后全球应对气候变化的行动做出了安排。《巴黎协定》指出，各方将加强对气候变化威胁的全球应对，把全球平均气温较工业化前水平的升高值控制在2℃之内，并为升温控制在1.5℃之内而努力。

一、升温1.5℃与升温2.0℃的区别

气温变化带来的影响是多方面的，最为直接的就是极端天气现象的大规模发生，如极端高温天气气温极限的升高、强降水天气降水量的增加等。超过阈值的事件数量随着气温的升高呈现非线性变化，气温升高1℃的情况下，全球范围内超过阈值的极端炎热天数增加了6倍；在气温升高2℃的情况下，全球范围内超过阈值的非常炎热天数增加了20倍以上（Knutti et al.，2021）。气温变化对极端天气事件数量的影响呈现非线性特征，气温升高将导致极端天气事件数量大幅增加，而诸如极端天气等事件数量的大幅增加将给人类社会带来巨大的损失。

0.5℃在数值上并不是很大的差距，但是气温升高2.0℃带来的影响远比我们想象的可怕。升温0.5℃将导致冰川融化的速度加快，海平面上升的幅度增加，沿海生态系统和岛屿生态系统的生物多样性减少，珊瑚礁生态系统和红树林生态系统会遭受毁灭性的打击，

生物可栖息的地方也将减少。升温 0.5℃ 会直接或间接地影响人类的生存，极端天气现象出现的频率将显著增加，持续的时间和带来的破坏也将增大，人类的正常生活和生产将受到更大的影响，并且这些现象会带来一系列连锁反应，如地下水等重要自然资源的减少等。极端天气现象的变化对生态系统也会产生负面的影响，其将导致极端天气与生态系统间存在负反馈机制，届时地球将进行自我调整，而地球系统的自我调整是否有利于人类的生存和发展还是一个未知数。

升温 1.5℃ 和升温 2.0℃ 的区别在于，在升温 2.0℃ 的情况下，气温对人类的影响程度增大，人类可应对和适应的空间减小。如果气温升高幅度在 1.5℃ 以内，其带来的影响还在人类能够应对和适应的范围以内，人们可以通过一系列的措施来减少气温变化对人类社会产生的影响。虽然升温 1.5℃ 面临的挑战相比升温 2.0℃ 要小一些，但其仍然不容小觑，需要各国付出努力将气候影响降到最低。

二、升温 1.5℃ 与升温 2.0℃ 的影响

根据非线性变化系统的理论，气温变化超过一定的阈值之后，系统将呈现突变性、非线性的变化；高温、强降水等极端天气和风暴潮、洪涝等自然灾害出现的频率、强度以及造成的损害都将随着气温的增加而增加，并在超过阈值之后出现激增的现象。

气温升高，对自然资源产生各种影响。水资源是人类生存、生产和生活的重要资源之一，是人们赖以生存的物质能源之一。相比于气温升高 2.0℃，升温 1.5℃ 对水资源的影响相对较小。此外，升温 1.5℃ 和升温 2.0℃ 对水资源影响的差异在地中海地区表现得最为明显，在升温 1.5℃ 的情景下，地中海地区的径流将减少约 9%，但

是在升温 2.0℃ 的情景下，地中海地区的径流将减少约 17%。

升温 1.5℃ 与升温 2.0℃ 的差异在气候适应能力较差且易受气候变化影响的地区更加明显。以珊瑚礁为例，珊瑚礁系统易受气候变化的影响，即使在升温 1.5℃ 的情景下，全球也有 90% 或更多的珊瑚礁系统面临着退化的风险；而在升温 2.0℃ 的情景下，沿海系统的脆弱性将增大，生物多样性减少的风险也将进一步增加（Schleus-sner et al.，2016）。

对于重要产业来说，升温还将影响人类赖以生存的农业。总的来看，作物会在一定程度上减产（不同地区、不同作物类型的产量受气温变化影响的程度不同），相比升温 2.0℃，升温 1.5℃ 情景下作物减产的比率会有所减少。如果气温升高幅度达到 2.0℃，人类将面临农作物严重减产这一严峻挑战，大范围的食品价格飞涨和饥荒将会席卷全球。

升温往往伴随着自然灾害的增多。相比升温 1.5℃，升温 2℃ 会让森林火灾出现的频率增加，更多动物会失去栖息地，野生动植物的生存环境也会受到威胁。气温的升高还将导致蒸发量的增大，进而导致更快速的、更激烈的水循环，全球水循环的不确定性将同步增加。在降水方面，与温度的变化类似，升温 2.0℃ 的年降水量整体上比升温 1.5℃ 的大，我国东北、华北和西北大部分地区的年降水量将增加 80% 以上（周梦子等，2019）。

研究显示，全球升温 1.5℃ 时，尽管中国采用绿色发展和可持续发展路径，但由干旱导致的直接经济损失也将达到 470 亿美元（2015 年市值），是 2006～2015 年的 3 倍。如果采用传统化石燃料为主和高碳的经济发展路径，全球升温 2.0℃ 时，我国的直接经济损失约是升温 1.5℃ 时的 1.8 倍（840 亿美元）（Su et al.，2018）。随着中国经济的快速增长，尽管因干旱导致的经济损失在增加，但是其占 GDP 比重会呈现减少的趋势，由 1986~2005 年的 0.23% 下降为 2006~2015 年的 0.16%。糟糕的是，未来升温背景下，干旱损失占 GDP 比重的减少趋势将会发生逆转。全球升温 2.0℃，干旱损失占 GDP 的比重将可能重新回到 1986~2005 年的水平（Su et al.，2018）。

第六章

气候变化的焦点和争论

近年来，气候变化已经由环境问题演变为全球性的政治经济问题，成为国际争论的焦点。自联合国政府间国际气候变化专门委员会（IPCC）成立以来，围绕 IPCC 及其评估报告的争议就一直持续着。从"气候门""曲棍球门""冰川门"到"亚马逊门"，IPCC 曾遭遇多次信任危机。气候变化究竟是否由人类活动引起，IPCC 与非政府间国际气候变化专门委员会（nongovernmental international panel on climate change，NIPCC）各持己见。随着气候变化的加剧，"气候拐点""行星边界"等与可持续发展相关的关键词逐渐走入人们的视野，科学家们围绕这些词汇进行了广泛讨论。

第一节 IPCC 与 NIPCC

气候变化已经成为国际社会普遍认同的客观事实，但曾有人对此持怀疑态度。国际上关于全球变暖的争议也从未中断，其中最具代表性的当属 IPCC 与 NIPCC 两个国际组织对于气候变化针锋相对的观点。

一、机构简介

1988 年，IPCC 成立，其主要作用是评估与气候变化有关的科学问题，向政策制定者提供关于气候变化的影响以及未来潜在风险的评估报告，并提出减缓和适应气候变化的行动方案。需要说明的是，IPCC 本身并不开展科学研究工作，而是对国际上有关气候变化的研究成果进行总结并发布评估报告。截至 2022 年，IPCC 已先后发表了六次气候变化评估报告。

NIPCC 是由非政府科学家和学者组成的国际专门委员会。2007年，为了独立于 IPCC 对气候变暖的科学证据进行评估，美国哈特兰德研究所（Heartland Institute）组建了名为"B 支队"的研究团队。同年 4 月，在维也纳召开的国际气候工作会议上，"B 支队"更名为非政府间国际气候变化专门委员会（NIPCC）。在气候变化发生的原因方面，NIPCC 通过独立的科学研究，对气候变化的证据进行了评估。2009 年，NIPCC 出版了其关于全球气候变化的评估报告《气候变化的再思考》（*Climate Change Reconsidered*）和决策者摘要，其结论与 IPCC AR4 针锋相对，指出是"自然而不是人类活动控制着气候"（Idso & Singer, 2009）。通过分析，NIPCC 从八个方面得出了与 IPCC 相左的结论。

二、争端历史

IPCC 与 NIPCC 在气候变暖的原因方面存在众多争论。IPCC 认为，温度变化随高度和地理位置的分布与 CO_2 加倍模拟的结果一致，因此可以确定气候变暖是由人类活动造成的；NIPCC 则认为，对流层温度不如地面温度上升激烈，但大气中 CO_2 浓度加倍时对流层升温最高，说明人类活动不是气候变暖的主要原因。在气候变化的自然原因方面，IPCC 认为 20 世纪的温度与太阳活动周期长度一致，太阳总辐照度与气候变化的关系并不大，而 NIPCC 则认为 IPCC 忽视了太阳风及其磁场对宇宙的作用能影响云盖这一点，太阳风变率才是 10 年尺度气候变化的主要原因。除此之外，IPCC 认为过去的一千年中，北半球的平均气温变化趋势在 20 世纪工业化时期突然快速上升，而 NIPCC 则认为该结论存在数据误差，忽略了有明显记载的中世纪暖期和小冰期的影响。

针对 NIPCC 提出的气候未变暖的观点，IPCC 的第六次报告阐明："观测到的气候变暖是由人类活动排放驱动的，而气溶胶冷却部分掩盖了温室气体变暖"。此外，对于 NIPCC 提出的气候变暖实际上是自然原因造成的观点，IPCC 的第六次报告也做出了详细的文字和图表说明，"气候变化已经影响到全球每一个有人居住的地区，人类的影响导致了许多已观测到的天气和极端气候的变化"。同时，报告也明确阐述了全球变暖的滞后性，"未来的排放导致未来的额外变暖，总变暖主要由过去和未来的二氧化碳排放主导"。

"人为因素引起的全球变暖"是一种科学定论，还是政治宣传？媒体的大量宣传，加上后续被曝光的一系列 IPCC "气候门"事件，让许多反对气候变暖学说的人更加坚信全球变暖是危言耸听。但事实果真如此吗？全球气温变暖可能是一种周期性的气温变动，但气候变化曲线在近现代陡然上升，表明全球变暖已经不是一种观点而是事实。人们所了解到的气候变暖的知识，大多来自 IPCC 等国际主流组织的观点，涵盖了上百位科学家的研究，虽然"气候门""曲棍球门""冰川门"等事件侧面反映了 IPCC 的言论有夸大的嫌

疑，但全球变暖已是明确的事实，眼下人们应该思考的事情是如何
控制气候变暖的趋势。

第二节　"气候门"事件

气候变化已经成为全球性问题，但在对其进行研究的过程中却
引发了一系列令人震惊的争议与丑闻，统称为"气候门"事件。
2009 年哥本哈根世界气候大会召开前夕的"气候门"事件相继引发
了"曲棍球门""冰川门"和"亚马逊门"等事件，对 IPCC 报告
的可信度造成了一定的负面影响。

一、"气候门"

英国东英吉利亚大学气候研究所（Climate Research Unit，CRU）
是当今世界最重要的气候研究中心之一，也是提供全球温度记录的
为数不多的科学机构之一。"真实气候"（Real Climate）网站是由参
与 IPCC 第四次评估报告编写的气候科学家主办的主要发布气候方
面评论的网站。"气候门"事件主要是指英国东英吉利亚大学气候
研究中心的计算机系统遭到黑客入侵，窃取的文件被上传到"真实
气候"网站的事件。

2009 年 11 月 17 日，"真实气候"网站被一名黑客入侵。黑客
在网站上传了一张窃取自东英吉利亚大学气候研究所的照片，并在
互联网进行了广泛传播。黑客公开的邮件和文件显示，一些科学家
为了支持他们气候变化的立场，对数据进行了伪造。一封泄露的邮

件中写道："在编辑新的数据时，他刚刚完成迈克尔·曼恩为《自然》(*Nature*) 杂志撰写的'戏法（trick）'，也就是将实际气温数据添加到过去 20 年序列中的工作（自 1981 年开始），同时完成的还有肯尼斯（Keith）对 1961 年以来气温下降趋势的隐瞒工作。"当事人承认了邮件的真实性，但解释说："他们使用'戏法'（trick）这个词并不是指'秘密'或'作弊'，'戏法'是他们用来描述'一种解决问题的好方法'的常用词。"

这次事件在全球造成了广泛影响，气候怀疑论者也对此产生了兴趣。怀疑者称，这些邮件是他们一直在寻找的确凿证据，证明气候变化科学家在进行不可告人的行为，并对反对者进行了人身攻击，同时气候变化科学家也未能应外界的请求，公开某些数据。2009 年 12 月 4 日，25 位美国科学家发表公开信，称这些邮件的内容无法动摇全球变暖的事实。为了维护东英吉利亚大学气候研究所的诚信，英国前公务员罗素组织撰写了调查报告，明确指出这些邮件无法动摇 IPCC 有关全球变暖的结论。至此，"气候门"事件才得以落下帷幕。

二、"曲棍球门"

1998 年，《自然》杂志发表了一篇美国宾夕法尼亚州立大学气象学家迈克尔·曼恩（Michael Mann）与合作者共同撰写的文章。重构了一张 600 年以来地球气候的变化图。1999 年他们又把这一分析提前到了 1000 年前，将分析结果画成了一张气温变化历史图。从图中可以看到，地球平均气温曲线在公元 1000～1900 年间几乎是平的，从 1900 年即工业化时代到来以后，开始急速向上弯曲，国际气象学界把这张著名的气温图称作"曲棍球杆"图

（见图 6 - 1）。该曲线图汇集了北半球在过去近千年以来气候波动变化的最可利用的数据，后来成为 IPCC 第三次报告的决策基础（Mann et al.，1998）。

在 IPCC 第三次评估报告完成之后，斯蒂芬·麦金泰尔（Stephen McIntyre）质疑了这份报告，因为报告中引用了曼恩等人有关北半球年平均温度升温的曲线，而这条曲线在 2006 年已经被证实确实存在数据误差（McIntyre & McKitrick，2005）。因具有争议的北半球平均温度曲线形似一根"曲棍球杆"，故称"曲棍球门"事件。

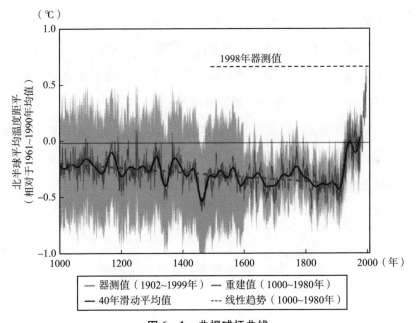

图 6 - 1　曲棍球杆曲线

资料来源：Mann et al.（1998）.

三、"冰川门"

2007 年，IPCC 第四次评估报告中涉及气候变化影响的一部分内容写道："喜马拉雅冰川正在以比地球上任何其他冰川都要快的速度迅速消失，并且有可能在 2035 年之前完全消失"，"如果地球以目前的速度继续变暖，这一天将有可能更快到来"，但这一说法受到了质疑。《科学》（Science）杂志 2009 年发表的一份报告认为，喜马拉雅地区的"许多"冰川不退反进，还有一些冰川则保持着目前的稳定状态。在 2010 年初，IPCC 首度公开认错，承认其对喜马拉雅冰川"很可能在 2035 年消失"这一结论的数据来源错误。

四、"亚马逊门"

继"气候门""冰川门"事件不久后，又爆发了一次质疑风波——"亚马逊门"事件。英国媒体《星期日电讯报》（Sunday Telegraph）披露，在 IPCC 第四次报告中所指出的"气候变化将威胁到 40% 的亚马逊雨林"，援引了世界自然基金会（WWF）2005 年的年度报告。原报告作者声称他们的依据来自《自然》杂志，但很快人们发现，原文指出这一威胁来自砍伐，并非气候变暖。由于缺乏坚实的论文研究基础，该结论的可信度也受到了质疑。

第三节 气候拐点在哪里

一、升温的控制目标

2009 年《哥本哈根协议》第一次确立了全球升温 2℃ 的控制目标。但是，一些气候脆弱国家和岛屿国家认为，2℃ 的控制目标不足以避免他们被上升的海平面淹没，于是又提出了 1.5℃ 的气候控制目标。各国经过不懈努力，最终在 2015 年 12 月 12 日通过的《巴黎协定》中提出"将本世纪全球平均气温上升幅度控制在 2.0℃ 以内，并努力将全球气温上升控制在前工业化时期水平之上 1.5℃ 以内"的目标。

但是，目前看来，1.5℃ 的这个目标能够达到的概率很低，甚至 2℃ 的目标也难以实现。根据 IPCC 第六次评估报告，从 1850 ~ 1900 年到 2010 ~ 2019 年，人为造成的全球地表温度总升高的可能范围为 0.8 ~ 1.3℃，最佳估计值为 1.07℃（IPCC，2021）。另外，根据世界气象组织（WMO）发布的《2021 年全球气候状况》（*The State of the Global Climate 2021*）报告，2020 年全球大气温室气体浓度达到了历史新高，大气 CO_2 碳浓度达到了 413.2ppm，为前工业化水平的 149%。

二、控温 1.5℃ 和控温 2.0℃ 的困难

减少温室气体排放必然会带来昂贵的经济成本，在没有出现解决温室效应的革新技术前，各国必然会争论减排经济成本的分配，即各国的排放额度。因此，有关温室气体的谈判都存在着难以调和的利益关系，使全球各国的合作难以继续。发展中国家期望进一步发展而承担相对小的义务，而发达国家则不想仅依靠自身加大减排力度而与其他国家共享减排的收益。当前，全球气候谈判已经走向了强调"共同责任"，弱化"有区别的责任"，但是，直到 2021 年年底的格拉斯哥气候变化大会，发达国家还没有兑现向发展中国家提供"气候资金和技术支持"的承诺，导致全球陷入了减排困境。

全球化背景下，发达国家通过国际贸易将气候变化的责任转嫁

到发展中国家，比如号称"世界工厂"的中国。发达国家消费了来自发展中国家的工业品和生活消费品，回避了碳减排责任的问题。研究显示，从中国出口到美国、欧洲各国、日本等发达国家的商品，表明中国作为"世界工厂"产生了大量 CO_2，但产品却出口到了发达国家（Davis & Caldeira，2010）。鉴于此，发达国家的消费者应该为这些碳排放买单，但现实中却无法实现，这些碳排放的责任最终还是由生产国本国承担。

图 6-2 是 1965~2013 年的碳排放曲线。发达国家的碳排放一直远高于发展中国家，直到 2008 年前后才被发展中国家超过。如果考虑历史累积排放，发达国家的碳排放显然超过了发展中国家的碳排放。

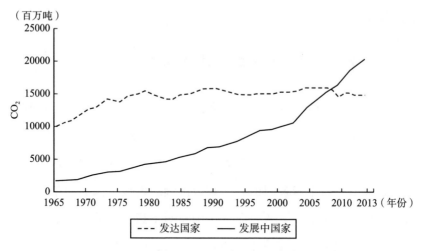

图 6-2　1965~2013 年发达国家与发展中国家碳排放曲线

资料来源：https：//wattsupwiththat. com/2014/08/03/the-record-of-recent-man-made-co2-emissions‐1965‐2013/.

发达国家利用在国际组织中的有利地位和话语权，成为新规则的制定者和主导者，在国际气候变化谈判中占据主导地位。此外，发达国家还利用在新能源和低碳技术领域的优势，谋求在国际事务中发挥更大的影响力，同时设置低碳贸易壁垒，达到提高自身产业竞争力的目的。在气候变化日益政治化的背景下，低碳经济已经上升为国际政治范畴，而且在一定程度上成为发达国家限制新兴国家影响力的政治工具。发达国家通过征收碳关税，限制发展中国家高能耗产品进入，导致发展中国家的出口竞争力下降，经济发展受到影响，以谋求自己更大的利益以及对世界的掌控能力。

要想实现温控的目标，发展中国家面临更大的压力，因为其发展要依靠更多的廉价能源，这些能源大部分是煤炭、石油等传统化石能源。发展中国家的能源转型面临两方面的问题：一方面，新能源技术大多掌握在发达国家手中，发展中国家难以突破；另一方面，发展新兴能源在短时间内需要牺牲很大一部分经济利益，这对于同时要解决温饱问题的发展中国家来说是极其困难的。因此，无论是1.5℃还是2.0℃，发达国家和发展中国家在气候合作行动上都举步维艰。

三、控温1.5℃和控温2.0℃的可能性

当前，比较现实的目标是，将全球温控的目标控制在2℃，这个目标只有在各国全力合作应对气候变化的前提下才能实现。根据IPCC第六次气候报告的情景分析，假设立即采取行动，在大于67%概率实现2℃目标的情景下，温室气体排放需要在2025年前达峰，2030年减排27%，2050年减排63%。在大于50%概率实现1.5℃的情景下，需要全球净温室气体在2025年前达峰，2030年相比2019年减排43%，2050年减排84%（IPCC，2022b）。

在 2℃目标下，需要全球在 21 世纪 70 年代初实现净零 CO_2 排放（即碳中和），而在 1.5℃目标下，需要在 21 世纪 50 年代初实现碳中和。为了实现全球升温控制目标，大多数情景在达到净零排放后还要维持净负排放，并积极减少 CH_4 等非 CO_2 温室气体排放。在 2℃目标下，相比 2019 年水平，CH_4 要在 2030 年减排 24%，2040 年减排 37%；在 1.5℃目标下，减排分别要达到 34% 和 44%（IPCC，2022b）。

若仅延续 2020 年底已采取的政策措施，全球升温在 2100 年很可能会达到 3.2℃。若未来的全球减排政策出现放松或逆转，那么全球升温超过 4℃也不是没有可能。如果这些高排放情景变为现实，将给全球自然和人类系统带来毁灭性灾难。

从目前全球的气候行动来看，1.5℃的目标几乎是不可能实现的，甚至 2℃的目标实现难度都很大。《巴黎协定》中的"把全球平均气温升高幅度控制在 2℃以内"更像是对当前气候治理现实水平的确认，而"为把升温幅度控制在 1.5℃以内而努力"则更像是一种鼓励性的口号，告诫人们现在做得还远远不够。

第四节　行星边界在哪里

自工业革命以来，地球进入了人类世（anthropocene）地质新时代。人类活动正以前所未有的规模和强度干扰关键资源环境要素的地球循环与功能演化（Crutzen，2002）。面对巨大的资源环境压力，准确判断人类活动是否处于自然系统可承载范围之内显得尤为关键。与此同时，承载力是否存在、如果存在又是否可测，已成为争议的焦点（陈先鹏等，2020）。

在此背景下，瑞典斯德哥尔摩大学恢复力研究中心的学者于2009年在《自然》杂志上刊文，正式提出了行星边界框架（Rockström et al.，2009），阐述了人类的安全运行空间。文章指出，跨越一个或多个行星边界可能是有害的，甚至是灾难性的，因为跨越临界点的风险将触发大陆到行星尺度系统的非线性、突然的环境变化。影响主要分为两类：一类具有全球阈值（如气候变化），通过自上而下的方式影响区域；另一类具有局地阈值而尚未被证明存在全球阈值（如土地利用变化），通过自下而上的方式影响全球（Steffen et al.，2015）。阈值对应的状态突变位置即为拐点。

行星边界框架聚焦于地球的九项关键生物物理过程，分别是气候变化、生物多样性的丧失、生物地球化学流动（氮磷循环）、平流层臭氧损耗、海洋酸化、全球淡水利用、土地利用变化、大气气溶胶负载和化学污染（Rockström et al.，2009）。这九个由行星边界所定义的系统是相互关联的。其中，气候变化和生物圈的完整性，是科学家们所说的"核心边界"。显著改变这些"核心边界"中的任何一个，都将"推动地球系统进入一个新状态"。

行星边界框架的提出引起了国际学术界的高度关注。有学者指出该框架存在两大缺陷，一是某些参数（如流入海洋中的磷）存在固定极限，称之为边界会对资源使用产生误导；二是对于具有高度空间异质性的环境问题而言，整合而成的行星边界政策针对性不强（Lewis，2012）。一些学者等回应称，行星边界并非固定的资源供给极限，其与临界阈值保持安全距离，对于多尺度环境治理具有指导意义（Galaz et al.，2012）。有学者基于陆地生物圈净初级生产力

（NPP），提出了整合土地利用变化、淡水利用、生物多样性损失和氮磷循环等过程的行星边界量化框架（Running，2012）。然而另一些学者认为 NPP 具有动态性，只能作为现有框架的补充，不能替代行星边界各变量（Erb et al.，2012）。

有学者对学术界的关注给予了积极回应，于 2015 年在《科学》杂志上提出了行星边界框架的更新版（Steffen et al.，2015）。更新框架调整了生物物理过程的设置，分为气候变化、生物圈完整性、平流层臭氧消耗、海洋酸化、生物地球化学流动、土地系统变化、淡水利用、大气气溶胶负载以及新实体的引入等九项（见图 6-3）。

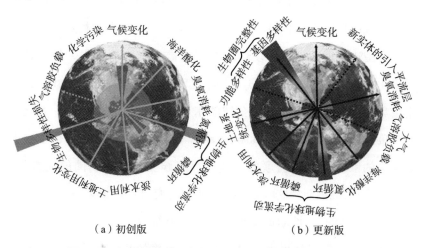

（a）初创版 　　　　　　（b）更新版

图 6-3　行星边界框架初创版与更新版承载状态的比较

注：对于初创版，箭头表示地球生物物理过程（虚线表示评估结果待定），圆形区域表示人类活动的安全操作空间，楔形区域表示控制变量的现状值。对于更新版，箭头表示地球生物物理过程（虚线代表评估结果待定），楔形表示控制变量现状值。

资料来源：陈先鹏等（2020）。

如今，人类已经跨越了气候变化、生物圈完整性的丧失、生物地球化学循环改变（磷和氮）、土地系统变化四种边界，而其他边界则面临着被跨越的危险。气候变化进入警戒区无疑给人类星球敲响了警钟。其他生物物理过程的行星边界情况见表 6 – 1。

表 6 – 1　　　　　　　　　行星边界的九项关键生物物理过程

生物物理过程	行星边界的描述
气候变化 *	大气中 CO_2 浓度的行星边界是 350ppm，不确定区间为 350 ~ 450ppm，2020 年评估值达 413.2ppm。气候变化已超过该行星边界，处于不确定的高风险区域
生物圈完整性 *	以物种灭绝速率（E/MSY，每百万物种中 10 个）和生物多样性完整指数（BII，90%）确定边界。2015 年测定的物种灭绝速率为 2.3E/MSY，BII 测定值为 84%，BII 的下降充分反映了生态系统退化程度的增加，已超过该行星边界
生物地球化学流动 *	氮循环以工业和生物固氮的 62Tg N/year 为行星边界，磷循环以化肥流入土壤的磷 6.2Tg P/year 为生物化学流动的行星边界，一些氮肥、磷施用率非常高的农业区是越界的主要原因，使用过度会造成水生生态系统富营养化
平流层臭氧消耗	以平流层 O_3 浓度来衡量，单位为 DU，不确定性区域 261 ~ 276。臭氧层被大量损耗后，吸收紫外辐射的能力大大减弱，导致到达地球表面的紫外线明显增加，给人类健康和生态环境带来多方面的危害，南极洲上空评估值约为 200
海洋酸化	不断上升的大气 CO_2 水平正在增加世界海洋的酸度，对海洋生物多样性构成严重威胁，尤其是外壳会溶解在酸性水质中的无脊椎动物，表层海水霰石（一种由许多海洋生物形成的碳酸钙）全球平均饱和度/Ω（2.75 ~ 2.41），Ω 小于 1，碳酸钙会发生溶解，2015 年评估值为 2.9
淡水利用	衡量指标为淡水消耗量每年 4000km^3 作为边界值，根据河流的生态流量要求，该行星边界可能会更高或更低，2015 年评估值为每年 2600km^3
土地系统变化 *	全球林地面积占原始森林覆盖的比例为 75%，测定值仅为 62%，已超出该项行星边界界限

续表

生物物理过程	行星边界的描述
大气气溶胶负载	气溶胶严重人类健康影响，每年导致约 720 万人死亡，气溶胶光学厚度（AOD）是该行星边界的衡量指标，南亚的 AOD 约为 0.15，在火山事件期间可高达 0.4，大气气溶胶负载不确定性区域为 0.25 ~ 0.5，2015 年评估值为年 0.3，处于不确定区域内
新实体的引入（化学污染）	以有机污染物、塑料、重金属等化学污染物排放数量或浓度衡量，研究表明该项已超越行星边界

注：＊表示超越了行星边界的生物物理过程。
资料来源：Steffen et al.（2015）、陈先鹏等（2020）、Persson et al.（2022）和行星边界官方研究网站 https：//www.stockholmresilience.org/。

行星边界概念框架的横空出世，被视为近年来国际资源环境承载力量化领域最具标志性的一项成果，具有十分重要的意义。行星边界框架从全球视角出发，为影响地球生态系统稳定的关键生物物理过程设定了安全边界，厘定了人类活动的安全操作空间。该框架作为可持续发展的先决条件，为国际社会，包括各级政府、国际组织、民间社会、科学界和私营部门确定了一个"人类安全的行动空间"。

第七章

应对气候变化的承诺和行动

UNFCCC 和 IPCC 主导了气候变化的政治谈判和科学评估进程，为全球开展气候合作行动建立了必要的科学知识和政治行动目标的指导。围绕应对气候变化，全球开启了未来地球研究计划，各国纷纷提交了 NDC。中国在应对气候变化问题上承担着积极引领的角色，也做出了"2030 年前碳达峰、2060 年前碳中和"的国际承诺。本章将围绕应对气候变化的承诺和行动展开阐述。

第一节 IPCC 引领全球应对气候变化

一、IPCC 诞生的背景

1957 年和 1958 年，国际科学理事会（ICSU）提出了国际地理学年的倡议，推动 60 多个国家的科学家共同讨论地理学现象观测，并为开展大气中 CO_2 的系统观测提供了启动资金（ICSU，2015），但此时的研究重点还未集中在温室气体上。1967年，联合国大会确立了全球大气研究计划（GARP）。此后，全球大气研究计划先后进行了卫星连续全球观测、全球大气环流建模、大西洋热带计划、重设世界气象组织（WMO）的世界天气监视网等气候科研活动（陈其针等，2020）。1979年，第一届"世界气候大会"的召开，标志着"气候变化"开始进入全球视野。1985年，国际科学理事会、世界气象组织和联合国环境署（UNEP）联合召开以"二氧化碳和其他温室气体在气候变化和相关影响中作用的评估"为主题的国际会议，会议提出了温室气体导致地球升温并带来严重后果的关键性观点。报告《温室气体效应、气候变化和生态系统》（*Greenhouse Gas Effects, Climate Change and Ecosystem*）首次综合评估了大气温室气体的国际影响，提出了制定全球公约以防止全球变暖的倡议。由此，温室气体问题咨询小组（AGGG）在IC-SU、WMO、UNEP的联合任命下产生，其也被视为IPCC的前身。国际地理学年和温室气体问题咨询小组为全球气候变化问题的研究奠定了思想和科学基础，推动了气候变化在环境研究领域的发展。

在IPCC成立之前，气候变化问题就已经登上了国际科学研究的舞台。1987年在WMO第十届代表大会上，与会者认识到需要客观平衡和协调国际的科学评估，以了解温室气体浓度升高对地球气候的影响以及这些变化对社会经济的影响模式。1988年，IPCC由WMO和UNEP在响应需求的情况下联合建立，负责为政府决策参考进行定期科学进展评估，研究应对措施。

二、IPCC 的政治影响力

IPCC 的报告不仅为 UNFCCC、《京都议定书》《哥本哈根协议》《巴黎协定》等决策提供了科学依据，对气候变化谈判进程及其背后的政治博弈也产生了深刻影响，在国际上具有不可小觑的影响力。从 1990 年 8 月 IPCC 发布第一次评估报告（FAR），到 2021 年 IPCC 发布第六次气候变化评估报告（AR6），最终明确了全球气候变化的科学事实。IPCC 对气候变化的权威性研究，形成了近乎垄断性的国际影响力，深刻影响着国际气候谈判。

气候变化问题的评估与研究体现了各国软实力的竞争。在 IPCC 报告所援引文献的科学家来源以及国际环境谈判依据的科学评估上，美国一直起着主导作用，把控着国际谈判的方向。国际上具有较大影响力的发达国家在评估和决策过程中，拥有比发展中国家更大的权利和更高的地位。因此，国际科学评估的报告和进程经常被政治进程阻碍，大国干预直接影响了气候评估的结果和决策倾向。气候协议也不再是纯粹的科学问题，俨然一种在重大气候协议的谈判中，由政治利益驱动，对其他国家施压或逃避自身责任的工具。

气候谈判与评估在议程、机制上与政治进行频繁联系，对此，IPCC 为大国的政治资源竞争提供了一种前所未有的模式。IPCC 将科学家纳入政府间合作体系之中，积极达成科学与政治协同合作的共识。但只有得到世界上绝大多数主要气候科学家和所有参与国政府的一致同意，IPCC 才会颁布规则和报告。这种达成共识的要求、过程和原则使得各国需要进行共同协商，各国政府可以就评估报告的内容向报告撰写工作组提出修正、增加或删除等意见，以体现、维护或强化本国或所在政治集团的利益。基于此，最后形成的评估报告才会最大限度地满足各种团体的不同需求。

第二节　国家自主贡献

一、国家自主贡献的提交情况

2021 年 9 月 17 日，UNFCCC 秘书处发布《〈巴黎协定〉下的国家自主贡献：秘书处综合报告》（*Nationally Determined Contributions Under the Paris Agreement：Synthesis Report by the Secretariat*），对《巴黎协定》所有的 191 个缔约方的 NDCs 进行了综合分析。报告显示，截至 2021 年 7 月 31 日，共有 131 个缔约方新提交或更新了 86 份 NDC，涵盖了 2019 年全球排放总量的 93.1%。其中 70 个国家提出了到 2050 年左右实现气候中和、碳中和、温室气体中和或净零排放的长期减缓愿景、战略与目标。

报告还显示，考虑到最新 NDC 的执行情况，2030 年全球温室气体排放总量预计将比 2010 年水平高 16.3%。为了将全球升温限制在 1.5℃ 以内，到 2030 年全球人为 CO_2 净排放量需要比 2010 年的水平下降约 45%，到 2050 年左右净零。为了将全球升温限制在 2℃ 以内，到 2030 年全球人为 CO_2 排放量需要比 2010 年的水平下降约 25%，到 2070 年左右净零。

Climate Watch 网站显示，截至 2022 年 6 月 17 日，160 个缔约方提交了新的或者更新的 NDC 方案，占全球总排放的 83.6%，其中 96 个缔约方更新的 NDC 总排放量有所减少。① 由此可以看出，NDC 框架正在帮助各缔约方履行《巴黎协定》的承诺。

二、主要经济体的碳中和目标

为了应对气候变化，积极兑现 NDC 的承诺，越来越多的国家开始将碳减排行动转变为国家战略。截至 2021 年 12 月，全球已有 136 个国家和地区提出了碳中和承诺（中国科学院可持续发展战略研究组，2021）。此外，还有伦敦、巴黎、旧金山、哥本哈根等城市，以及阿里巴巴、京东、苹果、亚马逊等跨国公司都积极制定了低碳发展战略，提出了碳中和目标。

从碳中和的承诺方式来看，德国、法国、瑞典等多个欧盟成员国以立法的形式明确了实现碳中和的政治目标，并提出了实现碳中和的可行路径。西班牙等国家已形成了相关法律草案，为碳中和立法奠定了基础。多个国家以国家领导人在公开场合的政策宣示或向联合国提交长期战略的形式做出承诺，但尚未形成可行性强的规范性文件。从承诺目标看，多数国家的碳中和年份为 2050 年，主要经济体碳中和年份如图 7 - 1 所示。

---

① 资料来源：https：//www. wri. org/initiatives/climate-watch.

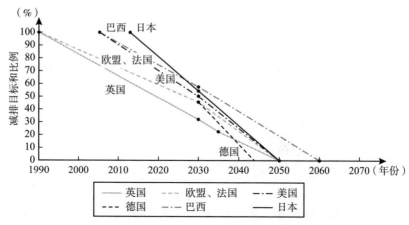

图 7-1　主要经济体的减排目标及阶段性目标设定简化示意

注：（1）设定各国减排基准年碳排放为1，2030年阶段性减排目标为基准年的比例（通常情况下，各经济体是把碳排放峰值年为阶段性目标的基准年份）；（2）欧盟、法国和德国的2030年减排目标一致，但实现碳达峰的年份有差异，故在图中德国以虚线来表示。

资料来源：王建芳等（2022）。

第三节　主要缔约方的气候行动

　　2009年哥本哈根气候峰会后，特别是自巴黎气候峰会以来，全球开启了应对气候变化的行动。各国开始通过法律形式确立碳中和目标，促进低碳行动的推进与监督。但是，由于各国管理体制差异，加上突发性疫情、地区战争、国际贸易摩擦等因素的影响，导致各国推进气候变化行动的成效差异较大。欧盟在全球率先提出了碳中和目标，并通过较为完备的政策法律体系做出了阶段性减排规划。美国正逐渐将气候提升到外交与国家安全的核心地位，开始大力推进清洁能源技术的创新，但总体上随政府更替波动性比较大。英国是全球最早以立法形式确定减排目标的国家，并针对重点行业做出了详细的战略安排。法国高度重视气候变化的立法工作。日本和韩国则重点实施整体战略，发展绿色技术，促进低碳循环。
表 7-1 显示了全球主要缔约方的碳中和政策和立法情况。

一、欧盟的气候行动

欧盟委员会最早于 2018 年 11 月发布了《为所有人创造一个清洁地球——将欧洲建设成为繁荣、现代、具有竞争力和气候中性经济体的长期战略愿景》，提出要在 2050 年实现碳中和。欧盟不断强化应对气候变化的法律法规体系，已经初步建立了相对完善的低碳发展路线图。欧盟委员会主席冯德莱恩表示："欧盟将迅速采取行动，成为绿色经济领域的领导者。"同时，欧盟还承诺将加大气候投资，预计每年追加 2600 亿欧元的资金投入，约占欧盟 GDP 的 1.5%；欧盟长期预算的 25% 将用于支持气候变化行动。2020 年 3 月 4 日，欧盟委员会发布《欧洲气候法》建议稿，拟将碳中和目标变为一项具有法律约束力的目标。能源系统转型是欧盟政策的重心，要求其最大限度地部署可再生能源发电。2020 年 10 月，欧盟将原有提议的 2030 年减排目标由 55% 提升为 60%。

欧盟气候战略的主要特点如下：（1）以受气候变化影响最大的经济部门和影响最深的地区为基础，利用预防和应对行动来适应气候变化；（2）以发展和利用市场为基础工具，例如欧盟碳排放交易体系；（3）着重创新在能效改善及新型减排技术开发应用中的角色；（4）采取协同治理策略，将应对气候变化与能源、运输、农业、环境、林业、土地使用等方面的治理相结合；（5）采取国际合作策略，促进所有国家共同参与应对气候变化行动，同时考虑到各国经济及科技水平差异，承担共同但有差别的责任。欧盟主要的气候政策与行动如表 7-2 所示。

表 7－1 全球主要缔约方碳中和政策和立法情况

分类	欧盟	英国	日本	美国	韩国
立法	《欧洲气候法》（European Climate Law）（2020）	《2008 年气候变化法案（2050 年目标修正案）》（The Climate Change Act 2008（2050 Target Amendment））（2019）	《全球变暖对策推进法修正案》（The Revised Act on the Promotion of Global Warming Countermeasures）（2021）		
综合战略	《为所有人创造一个清洁地球——将欧洲建设成为繁荣、现代、具有竞争力和气候中性经济体的长期战略愿景》（A Clean Planet for All: A European Strategic Long-Term Vision for a Prosperous, Modern, Competitive and Climate Neutral Economy）（2018）	《绿色工业革命十项计划》（The Ten Point Plan for a Green Industrial Revolution）（2020）	《2050 年绿色增长战略》（Green Growth Strategy Through Achieving Carbon Neutrality in 2050）（2020）	《关于应对国内外气候危机的行政命令》（Executive Order on Tackling the Climate Crisis at Home and Abroad）（2021）	《绿色新政计划》（Korean New Deal）（2020）

续表

分类	欧盟	英国	日本	美国	韩国
综合战略	欧洲绿色协议（European Green Deal）(2019) 《减碳55》（Fit for 55）(2021)		《2050年碳中和绿色增长战略》（Green Growth Strategy through Achieving Carbon Neutrality in 2050）(2021)		《韩国2050碳中和战略》（2050 Carbon Neutral Strategy of the Republic of Korea）(2020) 《2021年碳中和实施计划》（Action Plan 2021 to Implement the 2050 Carbon Neutrality Strategy of Republic of Korea）(2021)
能源/基础设施	《欧盟氢能战略》（EU Hydrogen Strategy）(2020)	《国家基础设施战略》（National Infrastructure Strategy）(2020)	《氢能基本战略》（Basic Hydrogen Strategy）(2017)	《可持续基础设施与公平清洁能源未来计划》（The Biden Plan to Build a Modern, Sustainable Infrastructure and an Equitable Clean Energy Future）(2020)	《韩国氢能经济路线图》（Hydrogen Economy Roadmap of Korea）(2019) 《促进氢经济和氢安全管理法》（Hydrogen Economy Promotion and Hydrogen Safety Management Act）(2020)

续表

分类	欧盟	英国	日本	美国	韩国
能源/基础设施	《欧盟能源系统一体化战略》（*EU Strategy on Energy System Integration*）（2020） 《综合能源系统 2020 – 2030 年研发路线图》（*R&D Roadmap 2020 – 2030 for EU Integrated Energy System*）（2020）	《能源白皮书：推动零碳未来》（*Energy White Paper: Powering Our Net Zero Future*）（2020） 《英国氢能战略》（*UK Hydrogen Strategy*）（2021）		《氢能项目计划》（*Hydrogen Program Plan*）（2020） 《清洁能源革命与环境正义计划》（*The Biden Plan for a Clean Energy Revolution and Environmental Justice*）（2020） 《储能大挑战路线》（*Energy Storage Grand Challenge Roadmap*）（2020） 《清洁未来法案》（*Clean Future Act*）（2021）	

续表

分类	欧盟	英国	日本	美国	韩国
其他领域	《欧洲工业战略》（European Industrial Strategy）（2020） 《循环经济行动计划》（Circular Economy Action Plan）（2020） 《欧盟2030生物多样性战略》（EU Biodiversity Strategy for 2030）（2020） 《欧盟2030森林新战略》（New EU Forest Strategy for 2030）（2021）	《工业脱碳战略》（Industrial Decarbonisation Strategy）（2021） 《交通脱碳计划》（Transport Decarbonisation Plan）（2021） 《净零创新组合计划》（Net Zero Innovation Portfolio）（2021）	《环境创新战略》（Environment Innovation Strategy）（2020）		《碳中和科技创新战略》（Strategy for Technology Innovation for Carbon Neutrality）（2021）

资料来源：修改完善自曲建升等（2022）。

表7-2   欧盟主要的气候政策与行动

时间	政策	主要内容	作用
2018年11月	《为所有人创造一个清洁地球——将欧洲建设成为繁荣、现代、具有竞争力和气候中性经济体的长期战略愿景》(A Clean Planet for all A European strategic long-term vision for a prosperous, modern, competitive and climate neutral economy)	欧盟将引导清洁能源转型及温室气体减排，必须进行根本转型，发挥能源系统、建筑、交通、工业、农业的核心作用，具体措施包括：提高能源效率，可再生能源的部署，清洁、安全、互连的移动出行，具有竞争力的产业和循环经济，基础设施和互联互通，发展生物经济和天然碳汇，通过碳捕集与储存技术应对剩余排放等	到2050年，实现欧盟气候中和目标，为欧盟气候新政奠定基础
2019年12月	《欧洲绿色协议》(European Green Deal)	（1）提高欧盟2030年和2050年气候变化雄心；（2）提供清洁、可持续及安全的能源；（3）推动各产业"可循环"发展；（4）实现能源资源的有效利用；（5）构建零污染的无害环境；（6）实现生态系统及生物多样性；（7）打造环保、健康的食物供应体系；（8）推动社会经济可持续发展	构建了欧盟经济向绿色转型的政策框架
2020年3月	《欧洲气候法》(European Climate Law)	（1）根据碳减排路径及温室气体综合全面影响力评估，出台《2030年气候目标规划》，上调欧盟2030年的温室气体减排目标，使温室气体排放量比1990年至少降低55%，较之前40%的目标有了大幅提升；（2）审核所有温室气体减排相关政策工具，在必要时出台修订提案；（3）设计制定2030~2050年欧盟范围温室气体减排轨迹线提案，用以衡量减排进展情况，为公共部门、企业界和公民提供可预测性；（4）从2023年9月起，每5年对欧盟及其成员国实施的措施与欧盟碳中和目标及2030~2050年温室气体减排轨迹线的一致性进行评估	从法律层面确保欧洲到2050年实现碳中和

时间	政策	主要内容	作用
2020 年 3 月	《欧洲工业战略》（European Industrial Strategy）	新欧洲工业战略、适应可持续和数字发展的中小企业战略、服务企业和消费者的单一市场行动计划	帮助欧洲工业向气候中立和数字化转型，提升其全球竞争力和战略自主性
2020 年 7 月	《欧盟氢能战略》（EU Hydrogen Strategy）	2020 ~ 2024 年，安装至少 6GW 的可再生氢能电解槽，可再生能源制氢年产量达 1Mt；2024 ~ 2030 年，安装至少 40GW 的可再生氢能电解槽，可再生能源制氢年产量达 10Mt，电解槽投资为 240 亿 ~ 420 亿欧元；2030 ~ 2050 年，可再生氢能技术逐渐成熟并大规模部署，生产投资达到 1800 亿 ~ 4700 亿欧元。	以开发利用风能和太阳能生产的可再生氢能为目标，将未来欧盟氢能发展分为三个阶段
	《欧盟能源系统一体化战略》（EU Strategy on Energy System Integration）	（1）能效第一，建设循环能源系统；（2）鼓励电气化的使用，以促进可再生能源的利用；（3）促进清洁燃料，包括可再生氢、可持续生物燃料等的使用。围绕这三个宗旨，该战略提出了 38 项行动，包括修订立法、增加财政支持、研究和部署新技术和数字工具、逐步取消化石燃料补贴、市场治理改革和基础设施规划、改善消费者习惯等	为其能源部门实现多种能源关联的高效率完全脱碳铺平道路
2020 年 11 月	《欧盟利用近海可再生能源的潜力实现气候中和的未来战略》（An EU Strategy to Harness the Potential of Offshore Renewable Energy for a Climate Neutral Future）	2030 年和 2050 年分别实现海上风电装机容量达到 60GW 和 300GW	确保欧盟实现可持续的能源转型

续表

时间	政策	主要内容	作用
2021 年 7 月	《减碳 55》（*Fit for* 55）	欧盟到 2030 年将温室气体净排放量与 1990 年的水平相比至少减少 55% 的目标，要求欧盟推进产业转型、碳定价、发展可再生能源、能源税等在内的 12 项积极举措	旨在为达成欧盟的气候目标提供一个连贯和平衡的框架

资料来源：修改完善自崔桂英等（2021）。

二、美国的气候行动

布什政府（1989～1993 年）在民众呼吁下，于 1992 年联合国环境与发展大会上接受了 UNFCCC。同年，美国为完成公约义务而制定了《能源政策法》，并于 1993 年出台了《全球气候变化国家行动计划》。尽管结果不尽如人意，但该时期美国已认识到气候变化带来的问题，并采取了一定的应对措施，见表 7-3。

克林顿政府（1993～2001 年）改变了上届布什政府对气候变化问题被动应对的态度，采取了较为积极的气候政策，并于 1993 年颁布了《气候变化行动计划》，承认人类活动导致了一系列灾害。对内，克林顿政府着手整顿布什政府时期的消极政策，将气候问题与国家安全紧密联系在一起。对外，克林顿政府在国际气候治理中展现出积极态度，并希望美国发挥领导作用。1997 年 12 月，在日本京都召开的 UNFCCC 第三次缔约方大会上，克林顿政府积极参与谈判并签订了《京都议定书》。

小布什政府（2001～2009 年）对气候变化问题未给予足够重视。2001 年 3 月，小布什一上任就宣布退出《京都议定书》。在第二任期，迫于国内外压力，小布什政府接受了"巴厘岛路线图"，并逐步开始参与全球气候治理，但这仅仅是为了占据气候治理的国际领导地位，其并未采取任何实质性减排措施。

表 7 – 3　　　　　　　　　　美国主要气候政策与行动

时间	政策	主要内容与作用
1990 年 11 月	《全球变化研究法》（Global Change Research Act）	授权联邦机构制定和协调全面综合的气候变化研究计划，评估由人类引发和自然界发展的全球变化
1992 年 10 月	《能源政策法》（Energy Policy Act）	制定了相关法规以增加美国清洁能源的使用并提高整体能源效率
1992 年 12 月	《全球气候变化国家行动计划》（National Action Plan for Global Climate Change）	第一个美国国内气候计划。基本内容包括：评估美国的温室气体排放状况；介绍美国已经实施的可降低温室气体排放的行动与计划，如相关研究计划"国家能源战略"中的行动及环境保护署制定的各种防污措施等。该行动计划并非专门针对气候变化的综合性方案，而多为正在或即将实施的节约能源和防治空气污染项目
1993 年 10 月	《气候变化行动计划》（The Climate Change Action Plan）	首次设定减排目标，保证到 2000 年将温室气体排放量降至 1990 年的水平，并为此制定了近 50 项措施，这些行动措施多为自愿性而非强制性的，在美国国内有 5 000 多家公司和机构参与其中，这项计划标志着美国气候政策已经发生转变
2009 年 6 月	《美国清洁能源与安全法》（American Clean Energy and Security Act）	美国历史上第一份对温室气体排放进行限制的法案
2013 年 6 月	《总统气候行动计划》（The President's Climate Action Plan）	重申到 2020 年美国实现在 2005 年基础上减排温室气体 17% 的承诺，并从减少温室气体排放、应对气候变化的不利影响和领导国际合作三个方面系统阐释了美国联邦政府将采取的一系列举措

续表

时间	政策	主要内容与作用
2020 年 10 月	《拜登清洁能源革命和环境正义计划》（*The Biden Plan for a Clean Energy Revolution and Environmental Justice*）	确保美国实现 100% 的清洁能源经济，并在 2050 年之前达到净零碳排放

资料来源：修改完善自曲建升等（2022）。

奥巴马政府（2009～2017 年）对气候变化给予了高度重视。2009 年，为提供技术保障与表明态度，美国发射了首颗"嗅碳"卫星。在国际合作方面，奥巴马政府于 2009 年 3 月主办了"主要经济体能源与气候论坛"，并在开幕式上呼吁各国密切合作，共同应对气候危机。但在哥本哈根气候会议上，奥巴马政府却不愿承担减排义务，导致会议仅达成了一项没有实质性作用的《哥本哈根协议》。

特朗普政府（2017～2021 年）不认同气候变化的事实，消极应对气候变化，同时废除了之前的气候政策。2017 年 8 月 4 日，特朗普政府正式递交了《巴黎协定》的退出文书，不仅拒绝承担气候治理的国际责任，更放弃了全球气候治理领导权，重创了国际气候合作的信心。

2021 年，拜登执政后，非常重视气候问题。对内采取强化基础设施建设、加大清洁技术研发投入、提高污染限制等一系列措施缓解温室气体排放。对外号召全球加强清洁能源领域的合作，重返《巴黎协定》，表现出了重新夺回国际气候治理领导权的信心。

三、英国的气候行动

早在 2008 年，英国就颁布了《气候变化法案》，确定了世界上第一个具有法律约束力的温室气体长期排放目标，要求2050年温室气体排放量比1990年减少80%。同时，英国建立了具有法律效力的碳预算约束机制，分三个阶段（2008～2012年、2013～2017年、2018～2022年）制定了到2022年的五年一度碳预算。为实现这一长期排放目标，英国设立独立的法定机构——气候变化委员会，负责为英国政府提供排放目标、碳预算、国际航运排放方面的建议，同时向议会报告温室气体减排和适应气候变化影响相关事宜的进展。2019年6月，英国新修订的气候变化法案生效（见表7-4），正式确立了英国到2050年实现碳中和的目标，英国成为第一个通过立法形式明确2050年实现零碳排放的发达国家。

表7-4　　　　　　　　　　英国主要气候政策与行动

时间	政策	主要内容与作用
2008年11月	《气候变化法案》（Climate Change Act）	全球第一个确定温室气体减排目标的法案
2019年6月	修订《2008年气候变化法案（2050年目标修正案）》（The Climate Change Act 2008（2050 Target Amendment））	正式确立英国2050年实现碳中和的目标
2020年11月	《绿色工业革命十项计划》（The Ten Point Plan for a Green Industrial Revolution）	推动英国在2050年之前消除其导致气候变化的因素

资料来源：修改完善自胡杉宇（2021）。

四、法国的气候行动

法国是世界上最早提出可持续发展和绿色经济理念的国家之一，

法国政府对于气候变化的负面影响有着较为统一的认知，高度重视气候变化的立法工作。为落实《巴黎协定》中到 2050 年实现碳中和的目标要求，法国政府于 2017 年 6 月正式提出了气候计划，并制定了法国政府未来 15 年内实现能源结构多样化和温室气体减排目标的行动蓝图。

2016 年初，法国发布了《国家低碳战略》，强调在未来 10 年要重视碳预算，提高能源效率。2019 年 11 月，法国颁布了《能源与气候法》，首次在法律上明确要加强气候治理，采取多种措施支持能源结构实现加速转型。该法案确定了 4 个主要领域的措施：逐步淘汰化石燃料，发展可再生能源；促进改造非节能建筑；引入指导、管理和评估气候政策的新工具；加强对电力和天然气部门的监管（胡德胜，2022）。2021 年 8 月颁布的《气候与韧性法案》，是第一次由民众直接参与制定的法案，同样彰显出法国在气候治理方面的决心。2022 年，马克龙政府提出了能源转型计划。该计划包括"四大支柱"，即效率与节制、能源互补、可再生能源与核能，工作重点包括在减少能源消耗方面继续投资、重拾并发展核能、大规模部署可再生能源等。马克龙政府拟借此计划开启法国绿色转型新进程。①

五、印度的气候行动

印度宣布了强化的气候承诺，包括将非化石能源发电份额从目前的 30% 提高到 2030 年的 50%，达到 5 亿千瓦，经济碳排放强度

---

① 资料来源：http：//finance. sina. com. cn/world/gjcj/2022 - 03 - 28/doc-imcwiwss8479089. shtml.

降低45%，到2070年实现净零排放目标。[①] 与此同时，印度启动了"国家氢能使命"，使用绿色能源生产氢气替代化石燃料。印度还在努力推进生物燃料计划，目标是到2025～2026年使汽油中的乙醇掺混比达到20%，到2030年使柴油中生物柴油混合比达到5%。

除了国内减缓和适应行动外，印度还在推动务实的、基于问题的全球合作。印度在COP21上启动了"国际太阳能联盟"和"绿色电网倡议——同一个太阳、同一个世界、同一个电网"。这些全球合作倡议框架旨在有效利用全球可再生能源，加速调动、推进绿色电网行动所需的技术和财政资源。同时，印度还启动了"韧性岛屿国家基础设施"（IRIS），以支持小岛屿发展中国家（SIDS）通过系统方式建立有韧性、可持续和包容的基础设施并实现可持续发展。

总的来看，印度的气候政策具有如下特点：（1）印度在"共同但有区别的责任"原则下承担相应的国家减排义务；（2）将遵循公平正义原则作为制定减排目标的基础；（3）不接受任何约束性的减排目标；（4）发达国家必须切实地履行气候公约的相关责任，否则印度也不认可气候公约；（5）制定具有包容性和可持续性的发展战略，避免弱势群体成为气候变化的受害者；（6）加快利用和发展可大规模减少温室气体排放的技术；（7）研发具备生态可持续性的高效率、低成本技术，减少温室气体排放。

---

① 资料来源：http://brics2022.mfa.gov.cn/dtxw/202205/t20220524_10691943.html.

第四节　中国的气候行动

气候治理已成为全球治理的重点和难点，面对严峻的气候变化形势，中国积极探索应对气候变化的中国方案，提交了 NDC，确定了 2030 年前实现碳达峰，2060 年前实现碳中和的"碳达峰、碳中和"目标。在全球气候治理中，中国展现了一个共同构建人与自然生命共同体的负责任大国角色，是减缓适应气候变化的力行者、联合国气候公约的维护者、南北气候政治冲突的调节者、发展中国家适应气候变化的援助者以及应对气候变化国际合作的引领者。

一、中国碳排放现状

在 1970 年以前，中国的 CO_2 总排放量不足 9 亿吨，人均排放量仅为全球平均水平的 1/4（Crippa et al.，2020）。然而，自改革开放以来，尤其在 2001 年加入世界贸易组织（WTO）后，中国经济迅速增长，CO_2 排放量也随之增加。从 1997 年到 2017 年，中国 CO_2 排放量从 0.97 亿吨增长到了 6.39 亿吨（Shan et al.，2018；Shan et al.，2020）。2009 年，中国 CO_2 排放量就已超过美国，成为全球第一大碳排放国，占到了全球碳排放总量的 23%（崔琦等，2016）。

二、总体定位和目标

2020 年 9 月 22 日，国家主席习近平在第七十五届联合国大会一般性辩论上指出："中国将提高国家自主贡献力度，采取更加有力的政策和措施，二氧化碳排放力争于 2030 年前达到峰值，努力争取 2060 年前实现碳中和"，这是我们国家应对气候变化对国际社会做出的庄严承诺。从 2020 年 9 月到 2021 年 9 月的短短一年内，习近平总书记先后发表了多次与气候变化问题相关的讲话和文章，对我国应对气候变化的行动做出了规划与布局。据《人民日报》报道，2021 年 3 月 15 日，在中央财经委员会第九次会议上，习近平总书记强调，实现碳达峰、碳中和是一场广泛而深刻的经济社会系统性变革，要把碳达峰、碳中和纳入生态文明建设整体布局，拿出抓铁有痕的劲头，如期实现 2030 年前碳达峰、2060 年前碳中和的目标。这为我国开展气候行动指明了目标和方向。

　　2021 年 10 月 24 日，《国务院关于印发 2030 年前碳达峰行动方案的通知》发布，进一步明确了碳达峰、碳中和的时间表、路线图、施工图。中华人民共和国国家发展和改革委员会（以下简称"发改委"）承担着碳达峰、碳中和工作领导小组办公室的职责，正在会同有关部门，抓紧制定完善碳达峰、碳中和"1 + N"政策体系（如图 7 - 2 所示）。研究制定电力、钢铁、有色金属、石化化工、建材、建筑、交通等行业和领域的碳达峰实施方案，积极谋划绿色低碳科技攻关、碳汇能力巩固提升等保障方案，各部委和地方政府也在紧锣密鼓地开展实现碳达峰、碳中和目标的行动。

　　实现"碳达峰、碳中和"目标，大致可以分为三个阶段：碳排达峰阶段（2021～2030 年）、快速降碳阶段（2031～2045 年）和实现碳中和阶段（2046～2060 年）。每一阶段的主要任务如图 7 - 3 所示。其中，加大碳捕集、利用与封存（carbon capture, utilization and storage, CCUS）、直接空气碳捕集（direct air capture, DAC）等技术的研发，是负碳排放最关键的技术突破方向。

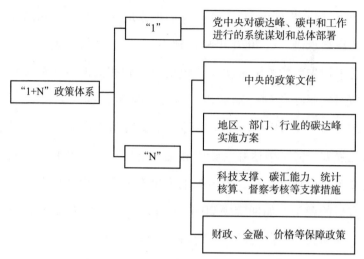

图 7 – 2　中国应对气候变化的"1 + N"政策体系

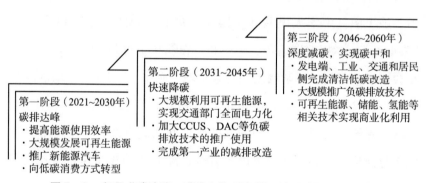

图 7 – 3　实现"碳达峰、碳中和"目标的三个阶段及主要任务

三、"碳达峰、碳中和"目标的实现路径

（一）碳源和碳汇结构路径

从碳源来看，2019 年，中国 CO_2 排放量为 101.7 亿吨，约占全

球当年 CO_2 排放总量的 28% （见图 7 – 4），扣除土地利用变化的碳
吸收（6.5 亿吨 CO_2），净人为源年均碳排放量为 95.2 亿吨 CO_2，
其人均年排放量为 7.32 吨 CO_2，已经高出全球人均年排放量 4.76
吨 CO_2 的平均水平（Friedlingstein et al.，2022；于贵瑞等，2022）。
然而，从 1959～2019 年的人均累计 CO_2 排放量来看，中国人均累
计 CO_2 排放量为 175.5 吨，远远低于欧美及日本等发达国家和地
区，甚至低于全球的平均水平，仅是美国人均累计 CO_2 排放量的
15%（于贵瑞等，2022）。

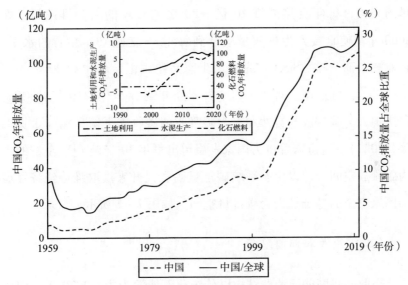

图 7 – 4 1959～2019 年中国 CO_2 排放及总排放量占全球总排放量的比重

注：土地利用碳排放数据来自国际粮农组织（FAO），化石燃料和水泥生产碳排放数
据来自中国碳核算数据库（CEADs），小图为土地利用、水泥生产和化石燃料 CO_2 年排
放量。

资料来源：于贵瑞等（2022）。

从碳汇能力看，2019 年，国家林业和草原局的《中国森林资源普查报告》显示，我国森林碳汇每年约 4.34 亿吨，如果换算成 CO_2，只有约 12 亿吨。因此，若要实现碳中和，依靠陆地碳汇是远远不够的，还需要依靠技术增汇。技术增汇的主要途径是使用 CCUS、DAC 技术等。

从碳源汇平衡来看，目前我国人为年均碳排放量大约为 100 亿吨 CO_2，预计到 2030 年碳达峰时期可能为 100 亿～110 亿吨 CO_2（Xu et al.，2020）。由此可见，到 2060 年，需要采取多种技术途径消纳人为 CO_2 排放。为达到碳中和的目标，通过能源转型和工业减排的努力，每年直接减排 70 亿～80 亿吨 CO_2 的人为排放量，在 2060 年前使直接人为排放量减低到每年 30 亿吨 CO_2 左右的水平。针对剩余部分排放量，首先利用生态系统碳汇每年中和 20 亿～25 亿吨 CO_2，再采用工程性 CCUS 技术每年封存 5 亿～10 亿吨 CO_2，以实现人为碳排放与自然和人为碳吸收的碳收支平衡目标（于贵瑞等，2022）。这意味着将为国家发展留出每年 30 亿吨 CO_2 左右的人为碳排放空间，即以生态系统碳汇巩固和提升来换取维持经济发展和国家安全的基础性人为碳排量空间，如图 7 - 5 所示。

（二）能源和部门路径

当前，我国能源消费结构以传统化石能源为主，2020 年，中国能源消费中煤炭占比 61%，石油占比 22%，天然气占比 9%，可再生能源及核能占比 8%（见图 7 - 6）。

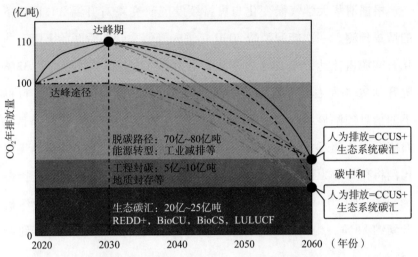

图 7－5 中国的"碳达峰、碳中和"行动任务及其潜在的解决方案

注：REDD＋为减少砍伐森林和森林退化导致的碳排放，BioCU 为生物碳捕集与利用，BioCS 为生物碳捕集与封存，LULUCF 为土地利用、土地利用变化和林业。

资料来源：于贵瑞等（2022）。

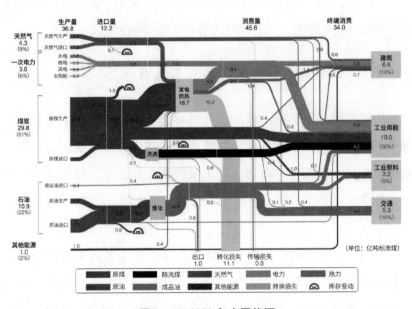

图 7－6 2020 年中国能源

资料来源：何京东等（2022）。

根据清华大学气候变化与可持续发展研究院对升温2℃目标下的情景预测，一次能源消费2030年进入峰值平台期后开始下降，非化石能源占比达70%以上，非化石电力占总电量比例由当前约32%提升到90%左右（项目综合报告编写组，2020）。对升温2℃目标下的情景预测显示，到2050年，能源总需求为50亿吨标煤，非化石能源占比超过85%，非化石电力在总电量中比例超过90%，煤炭比例将在5%以下。终端消费部门加强以电力替代化石能源直接燃烧利用，到2050年，一次能源用于发电的比重将由目前的45%提升到约85%，电力占终端能源消费的比重由当前25%提升到约68%。

2050年全部CO_2将实现净零排放，电力系统实现负排放。全部温室气体比峰值减排90%。非CO_2的其他温室气体排放量仍超过10亿吨CO_2当量。到2050年，不计CCUS和碳汇，能源相关CO_2排放仍将有14.7亿吨，工业和电力各占31%和49%。

四、"碳达峰、碳中和"目标的政策选择

中国实现"碳达峰、碳中和"目标，主要是通过技术增量和机制调控来减少排放、增加碳汇，实现碳中和。简单来说，就是将碳排放降低到一定程度，再通过碳汇吸收剩余排放量，以实现净零排放。图7-7显示了中国实现"碳达峰、碳中和"目标的可行政策选择。

控源部分可分为供给侧和需求侧。供给侧主要以电力系统为核心推动可更新能源转型，若氢能技术实现了突破并降低成本，则有望与电力系统耦合形成主辅双系统。需求侧则以钢铁、水泥、化工等重工业以及建筑和交通为重点，多措并举。其中，钢铁行业需实

现消除过剩产能，发展电弧炉炼钢，探索氢能直接还原铁，部署高炉 CCUS 技术等；水泥行业要提高能源效率，采用替代原料和燃料，发展水泥窑碳捕集；化工行业大力推动供给侧改革，提高原料使用能效，降低生产过程中的消耗，同时发展生物基材料的替代。除重工业外，交通和建筑业也要实现全面减排。通过道路交通全面电气化、发展智慧交通、完善绿色出行系统、航运与海运的燃料替代等措施实现交通行业减排。建筑业则要大力发展节能建筑，推广绿色低碳材料理念。

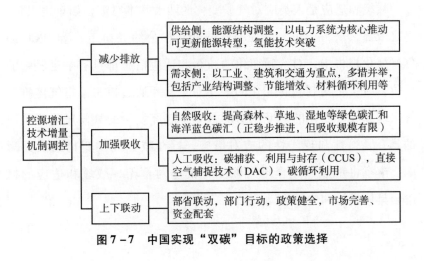

图 7-7　中国实现"双碳"目标的政策选择

增汇部分的碳吸收主要分为自然吸收和人工吸收。自然吸收即通过提高森林、草地、湿地等碳汇增加碳吸收量，虽然相较排放总量来说规模有限，但仍在稳步推进。人工吸收则是通过发展 CCUS 和 DAC 来实现碳吸收，但相关技术当前仍处于研究初期阶段。

第八章

气候变化的减缓和适应

减缓和适应是人类应对气候变化的两大基本对策，如车之双轮，鸟之双翼，缺一不可。在应对气候变化的公约（协定）和 IPCC 的气候变化报告中，对气候变化的减缓和适应措施都具有举足轻重的地位。减缓是遏制气候变化的根本对策，即通过控制温室气体排放等来缓和气候变化的幅度。适应是基于已经发生的气候风险所采取的具有紧迫性和现实性的应对措施，旨在减轻气候变化的负面影响。本章将重点阐述全球气候变化的应对框架，减缓和适应的概念、具体措施和中国行动。

第一节 气候变化的应对框架

自 20 世纪 90 年代以来，气候变化已经成为世界各国政治力量角逐的领域之一。到 2021 年，全球气候变化的应对框架已经基本建立，涵盖了公约（协定）和科学支撑两条主线（见图 8 – 1）。

图 8 – 1　应对气候变化的关键公约（协定）与科学支撑

一、公约（协定）

1992 年，联合国环境与发展大会向缔约国开放签署的 UNFCCC 为国际社会合作应对气候变化提供了基本框架和法律基础。1997 年，在日本京都召开的 COP3 通过了《京都议定书》。《京都议定书》是 UNFCCC 制定以来的第一项重要成果，标志着全球进入温室气体减排时代并采取具体行动的开始。《京都议定书》确定了 UNF-CCC 中的发达国家在 2008～2012 年的减排指标，要求发达国家的六种温室气体在 1990 年排放量的基础上减排 5%，同时确立了三个实现减排的灵活机制，即联合履行、国际排放贸易和清洁发展机制。其中，清洁发展机制将碳作为一种崭新的国际商品推出，建立了碳交易机制，其目的是帮助发达国家实现减排，同时协助发展中国实现可持续发展。主要方式是由发达国家向发展中国家提供技术转让和资金，通过项目提高发展中国家能源利用率，减少排放，或通过造林增加 CO_2 吸收，减少的排放和增加的 CO_2 吸收计入发达国家的减排量。需要指出的是，作为世界主要的工业发达国家，全球温室气体排放大户——美国并未签署《京都议定书》。

2012 年，多哈世界气候大会（COP18）通过了《京都议定书》的多哈修正案，达成了议定书第二承诺期及减排目标。第二承诺期从 2013 年 1 月 1 日起，主要由欧盟成员国、挪威、瑞士、澳大利亚等共 38 个发达国家缔约方参与，提出了整体减排量到 2020 年在

1990 年基础上减排 18% 以上的目标。此外，多哈会议将《京都议定书》规定的温室气体种类进行了扩充，达到了 7 种，包括二氧化碳、甲烷、氧化亚氮、氢氟碳化合物、全氟化碳、六氟化硫和三氟化氮（新增）。

2015 年，巴黎气候峰会上（COP21）由 178 个缔约方参与签署的《巴黎协定》是对 2020 年后全球应对气候变化做出的统一安排。《巴黎协定》明确了全球应对气候变化的长期目标，即将全球平均气温较前工业化时期的上升幅度控制在 2℃ 以内，并努力将温度上升幅度限制在 1.5℃ 以内。《巴黎协定》在 UNFCCC 和《京都议定书》等一系列成果基础上，按照"共同但有区别的责任"原则、公平原则和能力原则，进一步加强 UNFCCC 的全面、有效和持续实施，具有延续性、公平性、长期性和可行性的特点。从内容上来看，《巴黎协定》共 29 条，包括目标、减缓、适应、资金、技术等内容。《巴黎协定》的履约机制可以概括为：缔约方自主减排并编制和报告 NDC 预案；每五年进行一次全球盘点，据此更新各国 NDC，直至实现 2℃ 温控目标。由此可见，《巴黎协定》试图通过一种"自愿性""渐进式"和"开放式"的机制，推进国际气候变化合作机制的建立和温室气体排放目标的落实。

二、科学支撑

IPCC 作为全球应对气候变化的主要支撑机构，其发布的评估报告对于全球气候变化治理具有深远的意义。1990 年，IPCC 发布了第一份气候变化评估报告，为 UNFCCC 的签署提供了严谨的科学研究支撑。随后在 1995 年、2001 年、2007 年和 2014 年，IPCC 先后发布了四次评估报告，为《京都议定书》及其修正案和《巴黎协定》的签署奠定了科学基础。

IPCC 最新的评估报告为第六次评估报告 AR6，其中 IPCC 第一工作组报告《气候变化 2021：自然科学基础》已于 2021 年发布（IPCC，2021）。该报告指出，2011~2020 年全球表面温度要比 1850~1900 年高 1.09℃，且陆地平均温度的增幅（约 1.6℃）高于海洋（约 0.9℃）。在未来几十年里，极端高温和降水事件将越来越频繁，气候变化正在影响降雨分布，加剧多年冻土的融化、季节性积雪的损失、冰川和冰盖的融化、夏季北极海冰的损失等。

人类的行动有可能决定未来的气候走向，这对于人类生产生活的影响巨大。这就需要各国在 UNFCCC 和《巴黎协定》的法律框架内，承担相应责任，加强国际协作，降低温室气体排放以减少潜在的负面影响，采取相关措施将风险降至最低，即制定相应的"减缓"和"适应"措施应对全球气候变化。

第二节 减缓和适应的协同

面临气候变化的不利影响，人类社会一直在尝试着应对和抵御气候变化和极端事件。1992 年，UNFCCC 明确了应对气候变化的两类途径：一是减少温室气体排放和提高碳汇实现减缓气候变化；二是适应气候变化的影响。2007 年，"巴厘岛路线图"提出的"适应、减缓、资金、技术"，是应对气候变化这架"马车"的"四个轮子"，缺一不可。其中，"减缓"和"适应"是应对气候变化的主要选择。

一、气候变化的减缓

减缓的概念在 UNFCCC 中就有所提及："减缓是在气候变化的背景下，以人为干扰来减少温室气体排放源或增加温室气体吸收汇的活动。"该定义指出了减缓气候变化的两个重要方法，即温室气体减排和增加碳汇。此外，IPCC 对减缓的概念也进行了定义，指出减缓是以降低辐射强度来减少全球变暖趋势及影响的行动。与 UNFCCC 的概念相比，IPCC 给出的概念更加延伸，认为只要能减少抵达地球表面的太阳辐射就是在减缓气候变化。

UNFCCC 中设立了一个减缓气候变化的长期目标：将大气中温室气体的浓度稳定在防止气候系统受到危险的人为干扰的水平上，这一水平应当在足以使生态系统能够自然地适应气候变化、确保粮食生产免受威胁并使经济发展能够可持续进行的时间范围内实现。这个相对模糊的长期目标在随后的会议中不断被明确。2010 年 UNFCCC 第十六次缔约方会议（坎昆气候会议）确立了"到 21 世纪末，相比工业化前，气候升温幅度不超过 2℃"的量化目标。

目前，各国气候变化的减缓行动主要是在 UNFCCC 和《巴黎协定》的框架下，基于符合本国国情的 NDC 预案，制定相关政策并采取行动，通过能源结构转型，促进低碳技术发展等以减少温室气体的排放。此外，CCUS 和增加碳汇等技术的发展也为气候变化的减缓产生了积极的作用。CCUS 是将大型发电厂、钢铁厂、化工厂等排放源产生的 CO_2 收集起来，输送到油气田、海洋等地点进行长期封存以避免其排放到大气中的一种技术，包括 CO_2 捕集、利用以及封存三个环节。该技术目前尚不成熟，仍有很多亟待解决的问题，包括确保 CO_2 的永久安全封存、确保 CO_2 不会对环境产生负面影响、降低碳捕集和封存的成本等。增加碳汇则主要包括植树造林、植被恢复等措施，吸收大气中的 CO_2，从而降低温室气体在大气中的浓度。这是一个较为成熟且实施难度相对较小的应对气候变化的技术措施。

尽管减缓全球气候变化的思路是明确的，但当前全球气候变化的减缓正在面临一种国际性的"囚徒困境"问题。"囚徒困境"是博弈论的非零和博弈中具有代表性的例子，反映个人最佳选择并非团体最佳选择，或者说在一个群体中，个人做出理性选择却往往导致集体的非理性，这在全球应对气候变化的政治博弈中具有深刻的体现。目前，如果各国合作应对气候变化，则会产生最优的结果，但各国又都有不合作的动机。在全球变暖的情况下，如果各国都减少温室气体排放，那么各国都会得到更大的收益，但每个国家都有动机从其他国家的减排中获益，而自身不需要支付任何减排成本。尽管通过交流和单边支付承诺能够减少"囚徒困境"的发生，但要进行有效交流，并对分享合作成果达成默契，仍尚需时日。当前，全球面对减缓气候变化的第一个挑战在于，发达国家是否能够承诺并深入履行减排方案。

小贴士："囚徒困境"

"囚徒困境"（prisoner's dilemma）是 1950 年美国兰德公司的梅里尔·弗勒德（Merrill Flood）和梅尔文·德雷希尔（Melvin Dresher）拟定出的相关困境的理论，后来由顾问艾伯特·塔克（Albert Tucker）以囚徒方式阐述，并命名为"囚徒困境"。两个共谋犯罪的人被关入监狱，不能互相沟通的情况下，如果两个人都不揭发对方，则由于证据不确定，每个人都坐牢一年；若一人揭发，而另一人沉默，则揭发者因为立功而立即获释，沉默者因不合作而入狱十年；若互相揭发，则因证据确凿，二者都判刑八年。由于囚徒无法信任对方，因此倾向于互相揭发，而不是同守沉默。"囚徒困境"是两个被捕的囚徒之间的一种特殊博弈，说明即使合作对双方都有利，保持合作也是困难的。现实中的价格竞争、环境保护、人际关系等方面，也会频繁出现类似情况。

（资料来源：庞德斯通（2016）。）

二、气候变化的适应

适应的概念最初来自生物学，在《辞海》中的解释是生物在生存竞争中适合环境条件而形成一定性状的现象，是自然选择的结果。有研究人员从系统工程的原理出发将其定义为：通过对外界环境的扰动做出反馈和响应，使自组织系统在新的环境条件下能正常运转并发挥其功能。在气候变化领域，IPCC 所给出的"适应"的概念是被广泛接受和认同的，数次报告均提及了"适应"这一概念并给出了定义。

人们对于气候变化适应的认识是逐步深化的。IPCC 发布的第一次评估报告没有给出"适应"的定义，仅仅是将生物学中适应的概念进行了移植。第二次评估报告将其定义为："对气候条件改变的一种自发的或有计划的响应"。第三次评估报告在第二次评估报告的基础上给出了更细致的定义："适应是自然和人类系统对于实际或预期发生的气候变化或影响的响应性调整，这种调整减轻了气候变化带来的危害或利用气候变化带来的机遇"。第四次评估报告给出的定义为："通过调整自然和人类系统以应对实际发生的或预估的气候变化或影响"。2013 年的第五次评估报告进一步将适应的概念明确为："适应是对于已经发生的或预期的气候变化及影响的调整过程；对于人类系统，适应寻求减轻或避免损害、或利用有利的机遇；对于自然系统，适应则是通过人类干预措施诱导自然系统朝向实际发生的或预期的气候变化及影响进行调整"。

适应是人类社会对未来气候变化可能造成的严重后果的一种响应，也是降低气候风险和脆弱性的行动。从适应方式上来看，适应气候变化针对不同的情况应采取不同的适应措施。IPCC 第五次评估报告将适应方式分为减少脆弱性与暴露程度、渐进适应、转型适应与整体转型四种不同的类型。以城市为例，气候变化给城市带来包括极端气候事件、生态系统变化、环境健康风险增加、水资源分布变化等一系列后果，为此人们采取有针对性的措施以减少其影响，如构建沿海堤坝防止海水入侵、建设城市绿地空间调节城市小气候、加强基础设施建设以应对洪水和泥石流灾害、改进栽培技术和管理模式以应对气候变化带来的严重干旱等。

IPCC 第六次评估报告第二工作组指出，目前至少有 170 个国家及诸多城市在气候政策和规划中考虑了适应行动，并在农业生产力、健康福祉、粮食安全与生物多样性保护等多方面产生了效益（IPCC，2022a）。然而，目前的实际适应水平和减少气候风险所需的水平之间存在一定的差距，且不同地区的适应差距不同，其中低收入群体的差距最大。按照目前适应措施的规划和实施速度，在未来十年里这种适应差距会更大。同时，当前的适应措施多为小尺度、碎片化、增量型，部分措施优先考虑的是降低当前和近期的气候风险，且更侧重于适应的规划而非实施。

与此同时，人类适应的软性限制（暂时的限制）在某些地区已经达到了极限。大洋洲和小岛屿低洼沿海地区的个人和家庭以及中美洲、非洲、欧洲和亚洲的小农已经达到了软性适应极限。这意味着，当前尚未形成可以通过适应性行动避免风险的方案。随着全球变暖加剧，气候风险继续加大，人类和自然的一些系统已经或者即将达到硬性适应极限。这意味着，此时任何适应行动都难以避免将要遭受的风险。目前，已经达到或超过硬性适应极限的生态系统包括水珊瑚礁、沿海湿地、热带雨林以及极地和山地生态系统。

IPCC 第六次评估报告指出，适应措施实施过程中要注意其可行性及可能产生的不良适应。自第五次评估报告发布以来，许多行业和区域出现了越来越多的不良适应，造成了脆弱性、暴露度和风险的锁定效应，使得改变这种局面的难度和代价不断提高，进而加剧当前的社会不平等。例如，海堤在短期内可以有效减轻人类受到的影响，但从长期来看也可能增加人类对气候风险的暴露度并形成锁定效应。

小贴士：适应类型

（1）渐进适应：以特定尺度维护一个系统或流程的本质和完整性的适应行为。在某些情况下，渐进适应可以形成转型适应。

（2）转型适应：在预期气候变化及其影响的情况下，可改变社会生态系统根本属性的适应行为。

（3）适应极限：行为主体的目标（或系统需求）无法通过适应性行动而免遭难以承受的风险的点。

（4）软性适应极限：当前还没有可以通过适应性行动避免难以承受的风险的方案。

（5）硬性适应极限：任何适应性行动都不可避免难以承受的风险。

（6）不良适应：可导致不利气候相关结果风险增加的行动，包括目前或将来的增加温室气体排放、加大对气候变化的脆弱性或降低福祉。

三、减缓与适应的关系

气候的减缓和适应相辅相成，缺一不可。未来几十年大幅度的减排努力可降低21世纪及以后的气候风险，同时可以增加有效适应的前景，减少长期减缓的成本和挑战，并探索具有气候适应力的可持续发展路径。同时，采取恰当的适应措施能够在很大程度上减轻气候变化的负面效应，并充分利用气候变化带来的某些机遇提高生产和生活水平，客观上起到替代增加物质能量投入的间接减排和增汇效果。由于目前发达国家的减排承诺目标还不足以控制升温幅度在安全的阈值内，因此适应气候变化尤为必要。此外，适应气候变化不能解决气候变化的长期影响，随着时间的推移，适应行动的社会、经济和环境成本也越来越高，因此只有同时实施减缓和适应的措施，才能将气候变化带来的损失降到最低。

无论是减缓还是适应，都具有相应的经济成本。为了在不同发展阶段实现各类资源在减缓和适应两方面的优化配置，各地区必须在应对气候变化过程中权衡两者之间的关系，在可持续发展框架下，以福利损失最小为目标，制定适合本国国情的应对战略。

在国际上，相较于减缓气候变化，适应气候变化长期处于不被重视的状态。从国际应对气候变化的实践上来看，各国的工作重点还是侧重于减缓方面，这与发达国家的话语权有很大关系。温室气体的排放直接影响到全球各个国家，"减缓"气候变化的利益是共同的，而"适应"的利益是个别的、区域性的。如气候变化引起的非洲蝗虫灾害对发达国家的影响很小，但对非洲的发展中国家造成的影响却非常大。此外，适应气候变化相关的科学认识基础较为薄弱，缺乏合理有效的评价措施。因此，在适应气候变化科学方面，仍然需要大量的科学研究为政策的制定与量化评估提供科学支撑。

气候的减缓和适应是在不同的时间和空间尺度上降低气候变化影响风险的互补性策略。从时间尺度上来说，适应气候变化的效果可以通过应对现在和短期发生的风险而展现出来，而减缓气候变化的效果则需要在一个相对更长的尺度上才能体现。从空间尺度上来说，气候的适应是区域性的措施，而气候的减缓则更倾向于是一个全球尺度的措施。此外，两者在涉及的部门、紧迫性等方面也有差别，但是两者的目标和利益是一致的（见表 8 - 1）。

表 8 - 1   "减缓"与"适应"气候变化的区别与联系

比较项目		减缓	适应
	概念	降低辐射强度来减少全球变暖趋势及影响的行动	已经发生或预期的气候变化及其影响作出的响应
	因果联系	从原因上	从结果上
	空间尺度	全球	区域
不同点	相关部门	能源、交通、工业、农业等	城市规划、水、农业、人类健康、沿海地区等
	时间尺度	长期	当前和短期
	受益人	利他/全人类	利己
	动机	非自发	自发
	紧迫性	低	高

续表

比较项目		减缓	适应
相似点	目标	旨在降低气候变化风险和相关损失	
	利益	与气候相关	
	驱动力	新兴科学与技术	

资料来源：Grafakos et al. (2019).

四、减缓与适应的权衡

对某一国家或地区来说，减缓和适应气候变化的行动均会产生成本，且符合边际成本递增的规律，对经济发展造成一定的影响。一方面，采取气候变化行动有助于减缓全球气候变化，但全球气候变化并不完全取决于某一个国家或地区的减缓行动，一般来说，减缓力度越大，成本越高，造成的经济损失越大。以中国为例，气候变化对中国发展的损害随着全球温度的上升而增大，但严格的减排目标对于中国经济的快速发展十分不利。另一方面，适应行动的力度取决于气候变化对各自国家或地区的影响程度，适应力度越大，减少的气候变化影响越大，对本国或地区的保护效果越大。

研究人员根据经济学原理及相应模型分析了不同升温目标下 2030 年和 2050 年中国气候变化损害成本与减缓和适应成本（见表 8 - 2）。从表 8 - 2 中可以看出以下四个方面的信息：（1）气候变化的损害将随着温度升高而增大，且损害程度随着时间的推移呈现递增的趋势。在 2030 年前，气候变化对中国经济发展的损害程度较小，到 2030 年以后，随着温度越来越高，气候变化损害增加的幅度也将越来越大。（2）在相同的升温控制目标下，减缓和适应气候变化的成本随着时间的推移逐渐升高，而在相同的时间尺度内，温度不断升高，减缓成本占 GDP 的比重也不断升高，适应成本则不断降低。（3）气候变化所带来的损害是全球性的，若想将未来升温控制在一定范围内，中国必须作出巨大的减缓贡献。在升温 2.0℃的情景下，2030 年中国受气候变化带来的损失将占 GDP 的 0.68％，而减缓成本则将高达 1.26％，远高于气候变化损害带来的 GDP 损失。（4）适应气候变化措施的经济效益要高于减缓措施，到 2030 年，当升温控制在 3.0℃以下时，气候变化的损害均大于适应成本与剩余损害之和。

表 8 – 2   2030 年和 2050 年不同升温目标下中国
减缓和适应成本占 GDP 的比重   单位：%

比较项目	2030 年				2050 年			
升温情景	升温 2.0℃	升温 2.5℃	升温 3.0℃	升温 4.0℃	升温 2.0℃	升温 2.5℃	升温 3.0℃	升温 4.0℃
气候变化损害	0.68	0.81	0.90	1.09	0.85	1.16	1.39	1.93
减缓成本	1.26	1.20	1.10	0.93	2.82	2.69	2.48	2.09
适应成本	0.11	0.13	0.17	0.26	0.19	0.30	0.44	0.83
剩余损害	0.55	0.65	0.72	0.87	0.68	0.93	1.11	1.55

资料来源：科学技术部社会发展科技司等（2013）。

第三节　减缓和适应的主要做法

一、减缓气候变化与中国行动

IPCC 第六次评估报告中呈现了典型减缓气候变化措施对 2030

年 CO_2 减排的贡献和潜力。这些减缓气候变化的措施涉及能源、建筑、交通、工业和农林和土地利用等领域，能够为减缓气候变化的措施和行动提供一定参考。

（一）能源领域

在能源领域，减缓气候变化的措施主要在于优化能源结构、提高能源利用效率。如通过以核能、风电、太阳能等新兴能源替代传统化石能源，可以减少污染排放与碳排放；通过化石燃料的清洁高效利用，提高能源利用率，减少能源消耗以及 CH_4 等温室气体的排放；通过 CCUS 技术，减少大型发电厂的温室气体排放，进而减缓全球气候变化。在这一系列的措施中，风能和太阳能的使用能够有效减少 CO_2 的排放，是减缓气候变化的重要手段。与之相比，CCUS 技术减少 CO_2 的潜力较低，且成本较高。

（二）建筑领域

建设高效节能、自给自足的新型建筑是建筑领域减缓气候变化的重要措施，同时，在建造过程中通过减少对能源的需求，发展使用高效照明设备和电器也可以减缓温室气体的排放。值得注意的是，在建筑领域，尽管木材的使用会导致森林碳汇的减少，但增加木材的使用实际上更有利于减缓气候变化，原因在于木材在整个生命周期对气候影响较小，而木材自身也是封存碳的一种载体，相比之下建筑材料生产过程中的碳排放更多。

（三）交通领域

在交通领域，减缓气候变化的措施主要体现在生物燃料的使用、交通方式的改变、节能燃油车和电车的普及等。利用生物资源生产的乙醇、柴油和航空燃油等生物燃料替代化石燃料，是可再生能源开发利用的重要方向，生物燃料的碳排放量可降至石油的一半。自行车、电动车以及公共交通工具等低碳出行方式也有利于减少碳排放。通过新能源汽车替代燃油车，也能够减少化石燃料的燃烧，进而减缓全球气候变化。

（四）工业领域和其他领域

在工业领域，能源替代是减缓气候变化的重要措施。电力、天然气、氢气以及生物能源的使用均比传统化石能源更具有减缓碳排放的潜力。提高能源利用效率、提高原料利用率、提高循环利用率对于减缓气候变化也具有重要意义。工业领域的 CCUS 技术在未来 10 年里可以发挥一定的减排潜力，但成本也相对高昂。在其他领域，减少含氟气体的排放、固体废弃物以及废水中的 CH_4 的排放，对于减缓气候变化有一定的贡献。

（五）农业和其他土地利用领域

在农业和其他土地利用领域，农业固碳是最具潜力的减缓温室气体排放的措施之一，包括秸秆还田、保护性耕作等方式，旨在利用土壤将碳进行封存，从而减少 CO_2、N_2O 和 CH_4 等温室气体的排放。其他措施还包括可持续性森林管理、生态系统恢复、植树造林以及保护森林和其他生态系统等，这些措施能够有效地减少温室气体的排放。

（六）中国减缓气候变化的行动

减缓气候变化已具有了一定的技术基础，但仍需要国家和社会的政策引导与激励措施。此外，国际间的共同协作与努力也非常重要。正如前文所述，减缓行动的受益人是全人类，而减缓行动是一个非自发的长期过程。中国提出构建人类命运共同体，其中的内涵之一就在于倡导携手应对全球气候变化，加强在减缓气候变化领域的国际合作。中国目前已经确定了"碳达峰、碳中和"目标，展现出了其应对气候变化的担当。

中国积极探索符合中国国情的绿色低碳发展道路。目前，中国采取了许多具体的行动为减缓气候变化做出贡献，例如：实施减污降碳协同治理，发挥减缓气候变化与环境保护的协同效应；构建绿色发展的空间格局，将自然保护地、未纳入自然保护地但生态功能极重要、生态极脆弱的区域，以及具有潜在重要生态价值的区域划入生态保护红线，推动生态系统休养生息，提高固碳能力；发展绿色低碳产业，引导绿色消费，推广绿色产品；加大节能减排力度，加快能源结构调整，构建清洁低碳、安全高效的能源体系；推动自然资源节约集约利用；加强对土地利用的管理；加大绿色矿山的建设力度；保护海岸线；探索低碳发展模式，因地制宜探索低碳发展路径等。

二、适应气候变化与中国行动

IPCC 第六次评估报告中评估了陆地和海洋生态系统、城市与基础设施系统、能源系统以及跨部门系统在气候变化中面临的风险并提出了相应的适应措施。同时，报告还对这些措施在经济、技术、政策、社会、环境和地球物理等层面的可行性进行了分析。

（一）陆地和海洋生态系统

陆地和海洋生态系统主要面临着气候变化对其生态系统服务、

沿海社会—生态、水安全以及粮食安全的威胁。通过发展可持续的水产养殖业、农林复合经营和生物多样性管理等措施可以适应气候变化对生态系统服务的影响，对于沿海社会—生态的气候适应措施则可以考虑加强海岸线防护以及海岸带的综合管理。提高水资源利用效率、加强水资源和耕地管理以及发展高效的畜牧业养殖是适应水安全和粮食安全威胁的重要措施。

（二）城市与基础设施系统

城市与基础设施系统中的关键基础设施网络和服务是适应气候变化的关键领域。发展绿色基础设施和生态系统服务、可持续的土地利用和城市规划以及可持续的城市水管理是适应气候变化风险的重要措施。这些措施普遍具有环境友好性，在经济和技术上均具有一定可行性，尤其是发展绿色基础设施和生态系统服务，不仅能够适应气候变化风险，还能在一定程度上减缓气候变化，产生协同效益。

（三）能源系统

能源系统主要在关键基础设施网络和服务、水安全等领域面临着气候变化的威胁。通过提高水资源利用率，可以适应气候变化带来的水安全风险，而建设韧性能源系统以及提高能源可靠性也是能源系统适应气候变化风险的重要方式，且具有很高的可行性。

（四）跨部门系统

气候变化给人类健康、生活水平、社会公平以及国际和平带来了一定的风险与挑战。增强健康领域的适应、提高生计多样化、灾害风险管理和人口迁移等举措是适应气候变化风险的重要选择。目前，发展中国家面临着应对气候变化、消除贫困和发展经济的多重任务，适应气候变化的能力普遍较弱，需要建立跨部门气候治理机制。

（五）中国适应气候变化行动

2013年，中国制定了国家适应气候变化战略，并将适应气候变化的重点放在基础设施、农业、水资源、海岸带和相关海域、森林和其他生态系统、人体健康和旅游等产业。2020年，中国编制了《国家适应气候变化战略2035》，强化了气候变化影响观测评估，提升了关键区域适应气候变化能力。

中国在不同地区制定和采取了不同的适应方案和措施。在城市地区，海绵城市和气候适应型城市的建设提高了城市气候韧性；城市组团布局和城市公园绿地等城市绿化建设缓解了城市热岛效应和气候风险；交通基础设施的改善则适应了冰雪、洪涝和台风等极端天气的出现。在滨海地区，海洋环境监测、调查与评估为沿海城市极端天气提供了预警；填海造地的管控与滨海湿地的保护提高了沿海地区抵御气候变化风险的能力。在生态脆弱地区，人工干预的生态修复工程提高了生态系统对气候变化的适应能力。中国在不同领域也积极采取了相应的适应气候变化行动。在农业领域，重点进行农业发展方式的转变，推动绿色农业的发展，提升农业减排固碳能力，研发推广防灾减灾增产、气候资源利用等农业气象灾害防御和适应新技术。在林业和草原领域，科学造林绿化，优化造林模式，进而提升林业适应气候变化能力。同时，加强林地保护管理，构建以国家公园为主体的自然保护地体系，实施草原保护修复工程，恢复和增强草原生态功能。在水资源领域，适应气候变化的行动主要是加强水利基础设施建设，提升水资源优化配置、增强水旱灾害防御能力，提高水资源集约节约利用水平等。在公共健康领域，通过气候变化健康风险评估，实施"健康环境促进行动"，开展气候敏感性疾病防控工作，加强应对气候变化的卫生应急保障，提升中国适应气候变化和保护人群健康的能力。

第九章

气候变化重塑国际格局

应对气候变化已成为 21 世纪各国的优先战略之一，也是全球科学家研究和民众关注的热点。围绕实现碳中和目标的全球行动，将深刻改变全球政治、经济、贸易、技术等"游戏规则"，深度重构全球经济格局和地缘政治格局，深远重塑全球治理体系。面对百年未有之大变局，对中国来说，应对全球气候变化之路充满了荆棘和挑战，但这更是实现中华民族伟大复兴难得的机遇。

第一节 气候变化重构国际经济格局

一、全球经贸网络的重构

（一）全球供应链网络重构

供应链是各国贸易网络的关键组成部分，其复杂性导致其易受气候变化影响，产生不可估量的损失。供应链本质上作为一个树状系统，从原材料到供应商都有各自的分工且相互联结。通过树状的供应链，原材料可从各个"树梢"运往位于"树干"的制造商。例如，智能手机这样的产品拥有上百个零部件，其原材料需要从世界各地运往手机生产厂家。供应链的复杂性导致其易受气候变化的影响。每一个节点都是一个"脆弱点"，一个节点的崩溃将连带产业链上下游和其他环节受到影响（Hanson & Nicholls，2020）。根据相关研究，在2020～2040年，河流洪水的风险将增加，造成的直接经济损失通过全球贸易和供应网络传播，可能会产生区域差异性的损失和收益（Willner et al.，2018）。预测显示，未来全球因洪水造成的总经济损失将增加17%，中国也将遭受最大的直接损失，经济损失预计增长82%（Willner et al.，2018；李廉水等，2020）。在国际贸易保护主义盛行，局部战争频繁的背景下，中国、美国和欧盟等全球主要经济体之间的供应链受到了严重影响。

小贴士：暴雨的多米诺骨牌效应

气候变化带来的极端气候现象越来越频繁。洪水灾害的间接影响可能会随着地理和时间范围的扩大而增加。在全球贸易供应链网络中，间接影响的延展就像多米诺骨牌，会带来一系列的连锁反应。河南郑州作为中国五大中欧班列起点城市之一，关系着全球供应链和贸易关系网络。据新闻报道，2021年7月20～26日，在中欧班列的起点郑州，特大暴雨导致400列载客和货运列车延误或被迫取消。与此同时，在中欧班列的另一边，节点城市比利时的列日站同样接连遭遇洪水的破坏性打击，比利时瓦隆区的铁路网络到8月底才完全恢复。据全球物流及运输服务提供商AsstrA估计，超过

10 公里的铁路轨道和数以万计的枕木需要重建，修复损坏的费用约为 3000 万 ~5000 万欧元。同一轮强降雨及洪水灾害对德国也造成了严重影响，据估计，需要改造的铁路总长 600 公里，修复受损铁路轨道和路面的费用将超过 20 亿欧元，将整体推高航运费用。此外，气候灾害导致了原材料、零部件和消费品等供应的中断，使运输周转时间变长，运输成本不断上涨，超出原来运输费用的部分，最终会转移到消费者的头上。

（资料来源：https：//asstra. com/press-centre/news/2021/8/floods-hit-supply-chains-china-and-europe/. ）

海平面上升是气候变化对供应链的所有影响中最严重的问题。大幅上升的海平面及更多更严重的风暴已经对港口活动、基础设施和供应链造成了影响，进而影响到了全球经贸发展。IPCC 第六次评估报告指出，"港口受损将严重影响全球供应链和海上贸易，并产生局部到全球的地缘政治和经济影响。如果不采取行动，沿海城市和定居点面临的风险预计将在 2100 年至少增加一个数量级"。航运业在推动世界经贸发展和稳定全球供应链方面发挥着重要作用。根据 2018 年联合国贸易和发展会议发布的报告，当前国际贸易额的70% 以上、国际贸易量的 80% 以上都是通过海运实现的。[1] 这也决定了海运贸易面临的经济威胁可能会对依赖其服务的其他行业产生多米诺骨牌效应。气候变化导致的海平面上升极有可能改变现有的海运贸易模式，重塑当前全球供应链网络。2021 年发生的多起因气候变化导致的供应链中断事件，证明了气候变化威胁的严重性。

---

[1]　联合国贸易与发展会议，https：//unctad. org/webflyer/review-maritime-transport－2018。

（二）国际食品贸易网络重构

气候变化对农业发展产生着多方面的影响，包括农业的种植品种、种植面积、种植产量等，并将最终影响到农业的稳定性。俄罗斯学者研究发现，由于全球气候变暖，气温上升，农作物生长的自然带向北推移了 600～1000 公里，致使莫斯科南部的耕地退化为黑土草原。与之类似，美国农业生产也受到了严重的威胁，有学者预测，美国农产品的摆动幅度每年可达 50%。还有日本学者指出，气候变化将给亚洲粮食生产带来沉重的打击，如果全球气温上升2.5℃，印度的小麦产量将会减产 60%，土豆产量也将减少 30%，朝鲜的高粱将减产近 80%。①

联合国粮农组织（FAO）发布的《农产品市场状况》（*Agricultural Products Market Conditions*）报告称，气候变化势必会改变全球的粮食生产能力，但它对于全球农业的影响将是不均衡的。气候变化在对一些地方产生负面影响的同时，对其他一些地区也会产生积极的影响。一方面，其会对低纬度国家的粮食生产造成严重的打击；另一方面，因为天气变暖能够提高农业产量，气候温和地区可能会受到积极影响。正是由于气候变化对全球农业生产的不均衡影响，农业生产的布局、结构及国际食品贸易格局将发生变化，这也进一步强调了制定平衡政策以适应全球气候变化，提高全球粮食安全的必要性。

（三）全球能源产业格局重构

全球气候变暖将对工业结构、布局和燃料产生巨大的影响。为

---

① 国际能源网，https：//www.in-en.com/finance/html/energy－1214392.shtml。

了解决高碳工业问题，必须对煤炭、石油等与化石燃料有关的产业进行调整与改造，而这首先就会冲击这些传统能源产业的发展。当前，在各国政府纷纷制定气候目标政策的背景下，全球能源市场正在被重构。

在环境保护和技术进步背景驱动下，能源产业和能源结构正在深度蜕变。新兴市场正逐渐摆脱对传统能源的需求。其中，伴随电动汽车销售量日益增长，预计到 2025 年，全球石油需求将趋向平缓而后开始下滑。[①] 预计截至 2030 年，电动汽车将占全球汽车总销售量的 30%（Woodward et al.，2020）。全球天然气需求也将出现类似趋势。另外，很多国家新建燃煤电厂的数量正在快速缩减，全球煤炭市场格局也在变化。尽管目前存量燃煤电厂仍会产生大量排放，但低成本风能和太阳能以及包括核能在内的其他低碳排放能源的发展，可以快速减少对现有燃煤电厂的依赖，并减少碳排放。据测算，如果世界在 2050 年实现净零排放，那么风力涡轮机、太阳能电池板、锂离子电池、电解槽和燃料电池制造商的累计市场机会将高达 27 万亿美元，在净零排放路径中，到 2050 年，仅上述五项设备的市场规模就将与目前的石油市场相当。[②] 这也就意味着传统能源产业将被清洁能源市场替代，能源产业格局将取得结构性转变。

二、全球碳交易市场的重构

1997 年通过的《京都议定书》把市场机制作为解决温室气体减

[①] 国际能源机构——2019 年世界能源展望，https：//www.iea.org/reports/world-energy-outlook‑2019。

[②] 国际能源机构——2021 年世界能源展望，https：//www.iea.org/reports/world-energy-outlook‑2021。

排问题的新路径，形成了 CO_2 排放权的交易机制。而发达国家和发展中国家的能源利用效率、技术以及减排成本等方面的差异，导致了二者之间碳资产的不平衡。由此，推动碳交易市场的衔接、形成全球统一的碳市场和协调的制度体系对进一步深化碳减排合作极为重要。但目前还未形成全球统一的碳交易市场，根据世界银行的《碳定价机制发展现状与未来趋势（2020）》，目前全球碳排放定价机制主要包括碳税、碳排放交易体系（ETS）、碳信用机制、基于结果的气候金融（RBCF）、内部碳定价五种。其中，碳税和碳排放交易体系是被全球多数国家所采纳的机制，具有一定的普遍性。

（一）欧洲的碳税

碳税是以减少 CO_2 排放为目的，以化石燃料的碳含量或碳排放量为计税依据的一种税（康樾桐等，2022）。作为市场化的减碳手段，碳税主要是对能源最终使用环节和生产环节征税，其税收用于补贴返还或节能减排投资，其实质是一种将 CO_2 等温室气体带来的环境成本直接转化为生产经营成本的市场化减碳方式。值得注意的是，在已经开征碳税的国家中，碳税并非是完全作为一个独立税种存在的，而是该国加强环境保护和节能减排税收体系的一部分。欧盟是全球碳税征收最为成熟的地区，其碳税机制主要包括两类，一类是将碳税作为一个单独的税种；另一类是将碳税与能源税或者环境税相结合。

作为重要的减排手段之一，碳税具有以下几方面的特征：（1）增加温室气体排放成本，并传导至企业利润，倒逼其采取节能减排的措施；（2）主要依托现有税政体系实施，无须设置新机构，也无须考虑配套基础设施等问题；（3）可以对碳价格形成稳定的预期指引，企业也可根据这一稳定的税率安排中长期减排计划；（4）政府可将碳税收入用于绿色项目建设或新能源技术研发，支持低碳转型；（5）在适用范围上，碳税不涉及复杂的机制设计，只需少量的管理和运行成本便能够大范围推行，适合经济发展水平较低的国家。另外，碳税相对灵活，可以覆盖众多排放量较小或不易监管的企业，避免碳泄漏现象。

（二）中国的碳市场交易体系

当前，我国碳交易市场采用的是以碳配额为核心，国家核证自愿减排量（CCER）为辅的交易体系，主要由碳配额、国家核证自愿减排量、金融工具三部分组成，见图9-1。交易主体目前为重点排放单位，后续还将纳入符合国家有关交易规则的机构和个人。交易产品主要是碳排放配额，经国务院批准可以适时增加其他交易产品。

整体来看，我国碳市场履约交易的基本流程主要包括以下几步：（1）重点排放单位在注册登记系统注册，由省级生态环境主管部门对其进行配额预分配，企业获取配额后，将碳配额划拨到交易账户；（2）在省级生态环境主管部门审定后，对重点排放单位进行配额核定及清缴配额量确认，再根据配额盈缺情况准备交易，企业可以通过市场买卖碳配额和CCER；（3）纳入配额管理的重点排放单位应在规定期限内通过注登系统向其生产经营场所所在地省级生态环境主管部门清缴不少于经核查排放量的配额量，履行配额清缴义务。重点排放单位足额清缴碳排放配额后，配额仍有剩余的可以转结使用；不能足额清缴的可以通过在全国碳排放权交易市场购买配额等方式完成清缴。

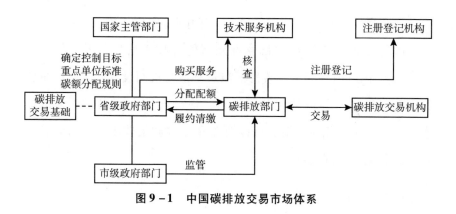

图 9 - 1 中国碳排放交易市场体系

（三）国际碳市场衔接

继《京都议定书》和《巴黎协定》之后，2021 年 11 月，在签署了全球应对气候变化的第三个里程碑文件《格拉斯哥气候公约》的 COP26 上，各国代表就曾在《巴黎协定》中未达成一致意见的第六条达成了初步共识，即如何在区域碳市场之外建立一个全球性的碳市场。

目前，国际碳市场衔接的整体框架设计主要包括排放总量的确定、碳配额的分配、碳配额的交易三个重要组成部分。首先，基于升温控制目标确定全球剩余碳排放预算，结合经济社会发展等因素，确定年度排放总量限额；其次，基于一定原则对碳配额进行分配，将全球年度排放总量限额分配至各个国家，各国进一步分配至各个控排主体；而碳配额的交易则是将全球所有控排主体纳入统一的碳交易市场，使其能够直接、充分地进行碳配额交易，最大程度降低减排成本。全球碳市场的总体架构如图 9 - 2 所示。

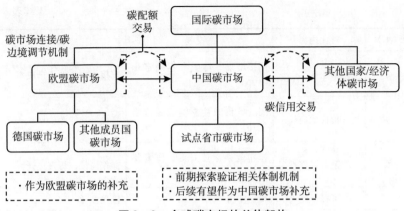

图 9 - 2　全球碳市场的总体架构

　　碳税与碳交易是市场化的减碳手段之一，也是应用最为广泛的两种碳排放定价机制。不同的是，碳税更依赖于政府对外部成本的行政管控，而碳交易则强调市场在价格调控中的作用。尽管作为减排政策的碳税与碳交易均有助于减少温室气体排放，但两者在减排效果、实施成本、实施阻力、运行风险等方面却有所不同（见表 9 - 1）。于我国而言，虽然全国碳交易市场的建立意味着我国气候治理工作向前迈出标志性一步，但仍需适时引入碳税政策，以有效引导在碳交易市场覆盖不到的领域开展碳减排，并缓解碳交易价格偏低的问题。

表 9 - 1　　　　　　　　　　碳税和碳交易市场制度对比

序号	对比内容	碳交易	碳税
1	控排目标	总量控制，控排目标确定	控排目标不确定，减排效果不明
2	成本效率	实施成本高	信息成本高

续表

序号	对比内容	碳交易	碳税
3	生产成本	间接增加，对生产不确定影响大	直接增加企业生产成本
4	价格效应	通过碳价间接影响能源价格上升	直接增加能源价格
5	政策可操作性	操作复杂，对人员、技术要求高	操作简便，可直接开展
6	可接受度	接受度高	接受度低
7	立法难度	较易	较难
8	最佳使用范围	大型、集中式排放源	中小型，分散式排放源
9	分配公平性	依赖碳配额初始分配	较公平
10	经济周期	顺周期	逆周期

三、全球投融资的气候转向

"气候行动"失败可能给人类星球带来难以估量的风险。金融必须在气候风险爆发前发挥切实有效的作用，推进与应对气候变化相对应的投融资行动。气候资金支持是发达国家支持发展中国家减缓和适应气候变化的关键举措，有助于发展中国家尤其是小岛屿国家及欠发达国家有效应对气候变化，避免这些气候脆弱性国家继续受到气候变化造成的不利影响。气候投融资的工具包括碳金融、气候保险、气候发展基金、气候债券、气候信贷、气候股票等。气候资金来源主要有国际和国内两种渠道（见图9-3）。国际上侧重于减缓气候变化，国内则侧重于适应气候变化。

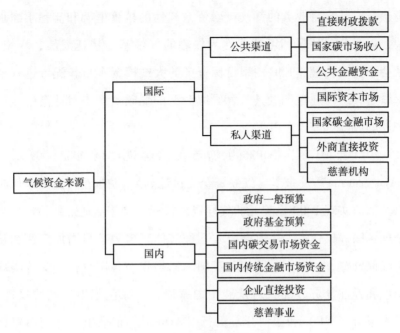

图 9 - 3　气候资金的主要来源

（一）国际气候投融资行动

气候投融资是实现"碳达峰、碳中和"目标的助推器。目前，发展中国家仍然面对严重的资金缺口。就适应成本来说，发展中国家的年度适应成本目前估计在 700 亿美元左右，预计到 2030 年将达到 1400 亿~3000 亿美元，到 2050 年将达到 2800 亿~5000 亿美元（UNEP，2021）。此外，在新冠肺炎疫情影响下，全球大量用于适应气候变化规划、筹资和实施的资源被重新分配用于抗击疫情，进一步加剧了资金短缺的问题。

2021 年可谓是全球碳中和元年，碳中和目标已经成为大多数国家的政策共识，全球资本市场倾向于认为气候投融资的拐点开始出现。UNFCCC 及所属机构如绿色气候基金、世界银行和区域多边开发银行对其自身业务的气候投融资系统性的核算框架和流程不断加快，以绿色、环保和可持续性为核心的气候基金快速发展，环境、社会和公司治理（ESG）型目标资产的大规模资本重新配置进程变得紧迫，纷纷通过配置具备气候应对型的低碳资产来对冲高碳排放产业的风险（王文，2022）。

2021年10月，COP26主席英国国会议员阿洛克·夏尔马（Alok Sharma）发布了《气候资金交付计划》，明确了发达国家何时以及如何实现1000亿美元的气候资金目标，希望能通过新的计划为全球各国提供信心。也有部分发达经济体正努力动员增加多边和私人气候资金，如美国、欧盟和英国承诺加强与各国合作，支持实现绿色和弹性复苏，加大对发展中国家清洁、绿色基础设施的投资。世界银行（WB）和亚洲开发银行（ADB）宣布推出一种创新资金机制倡议——气候投资基金资本市场机制（CCMM），计划筹集85亿美元支持气候行动和可持续发展，促进发展中国家对太阳能和风能等清洁能源的投资。

（二）中国气候投融资行动

根据国家气候变化战略中心的估算，如果要在2060年实现"碳达峰、碳中和"目标，需要新增减排投资140万亿元，对应年均投资约为3.5万亿元。要实现这些巨量资金的募集和投入，还需要政府部门、金融部门以及企业的共同努力。

"碳达峰、碳中和"目标提出之前，中国便已启动了气候投融资的政策部署与市场行动。2016年8月，中国人民银行、财政部等七部门联合发布了《关于构建绿色金融体系的指导意见》，旨在构建较为完整的绿色金融政策体系。2020年10月，生态环境部、发展改革委等国家部委联合发布了《关于促进应对气候变化投融资的指导意见》，这是中国首个专门的气候投融资政策文件，也是中国宣布"碳达峰、碳中和"目标后首个予以落实的重磅文件。2022年5月底，生态环境部透露，我国气候投融资试点评审工作已基本完成，即将全面启动运行。

四、"碳"基国际贸易体系

（一）碳关税制度

碳关税是指主权国家或地区对高耗能产品进口征收的 CO_2 排放特别关税，其本质是应对贸易劣势的一种手段，属于"碳税"的边境税收调节。2022年3月，欧盟通过了碳关税提案，2026年起欧盟将正式全面开征碳关税。在当前的国际形势下，欧盟碳关税提案的通过具有复杂的意义。对于全球来说，碳关税制度能够倒逼其他国家加大减排力度，推动区域内的绿色发展和全球碳减排。但对于国际贸易而言，这一新体制意味着过去WTO框架下的自由贸易体系将受到冲击，碳关税在一定程度上增加了贸易壁垒，减弱了进口产品相较于欧盟产品的价格优势，加重了对出口依赖度高的国家中的制造业企业的负担，削弱了碳减排政策宽松的国家和地区的贸易竞争力。由此可见，碳关税制度对于欧盟来说是一项利己而不是共赢的举措，世界各国应加强国际沟通，主动参与国际贸易规则的制定和完善，秉承低碳理念，促进国际贸易的有序发展。

对我国而言，碳关税既是贸易壁垒的压力，也是产业结构升级的动力，我国必须主动出击，紧跟"碳中和"和"新能源"大势，争夺碳市场的定价权。同时，建设碳市场是应对欧盟碳边境调节机制的一个很重要的手段，有利于我国增加谈判筹码。

小贴士：欧盟征收"航空碳税"事件

从 2012 年 1 月 1 日起，欧盟将几乎所有在欧盟境内起飞或降落的国际空运活动纳入欧洲碳排放交易体系，向在欧盟境内所有起降的飞机征收国际航空碳排放费，也就是必须为所排放的 CO_2 购买排放许可——"航空碳税"。因此，世界各个国家便开始采取应对措施，纷纷拒绝加入欧盟碳排放交易体系。中国碳税制度也因此建立。

（资料来源：http://www.chinadaily.com.cn/hqcj/2012 – 02/13/content _ 14612180. htm. ）

（二）碳标签背后的大国博弈

碳标签是为了缓解气候变化，推广低碳排放技术，把商品在生产过程中的温室气体排放量以标签的形式告知消费者的一种方式，其设立的初衷在于促进生产和消费方式的低碳转型，以应对全球气候变化。但碳排放权的实质是一种发展权，如果发达国家忽略众多不发达国家的碳排放需求和能力，利用环保技术优势来占据不发达国家市场，将形成新的贸易不平等。

发达国家以所谓的"碳减排"作为"道德高地"，试图建立新的贸易壁垒，提高处于碳排放仍在增长状态的发展中国家的生产成本，以此保护自己的利益并使其获取最大的收益，进而对发展中国家造成冲击，使其纷纷采用碳标签制度的门槛。对于发展中国家而言，建立"碳标签"制度需要投入大量的资金和时间，但由于科技水平较为落后，经济发展程度不够，短期内难以实现低碳生产方式的转型，这也就意味着现有贸易产品市场份额会被发达国家抢占，造成国际市场的流失。而国际市场的流失会使发展中国家陷入恶性循环，进一步阻碍其经济的出口和发展。种种迹象表明，碳标签制度已经成为发达国家限制发展中国家发展的一种手段。

第二节　气候变化重组国际政治格局

一、新型国家安全观

全球气候变化问题给人类安全带来了前所未有的威胁，极大地冲击了传统的安全观。就安全观念而言，其通常包括传统安全与非传统安全两个基本方面。传统安全观重视的是政治与军事层面上的国家安全，尤其强调领土安全，认为维护安全的主要手段是军事力量，战争是解决国家间矛盾和冲突的主要方式；在非传统安全观中，强调的是除军事、政治上对国家的威胁以外，其他对主权国家及其公民的生存与发展构成威胁的因素，如经济贸易安全、生态环境安全、信息安全、能源安全等，此类问题都是由非政治和非军事因素引起，具有跨国性和不确定性的特点。

全球气候变化问题对人类的威胁日益加剧，世界各国均面临着来自贸易供应链安全、生态环境安全、水资源安全、粮食安全以及能源安全等不同程度的威胁，其已成为非传统安全观的一个重要方面。一方面，全球气温升高，会引起两极冰川融化和海平面上升，严重威胁沿海低地国家的生存安全。据 IPCC 估计，到 2100 年，至少有五个国家（马尔代夫、图瓦卢、马绍尔群岛、瑙鲁和基里巴斯）可能会因为海平面上升被海水淹没，并产生 60 万气候难民。另一方面，气候变化可能会进一步加强国家之间对于资源能源争夺的潜在冲突，进而引发国家或区域之间的战争。回溯现代战争史，不难发现，能源争夺往往是战争的诱因，而且能源在一定程度上决定了战争的走向，例如海湾战争、俄乌冲突等。

二、国家利益的博弈

世界各国围绕全球气候变化问题进行着国家利益的重大调整，这主要包括两个方面，一是各国基于共同的国家利益展开广泛的合作；二是因国家利益的不同在气候谈判中进行的国家利益博弈。这些气候变化的合作和博弈，随着社会经济形式的变动，对国家利益产生了深远的影响。

一方面，基于共同的国家利益，各国展开了广泛的合作。1992年，联合国通过全球性气候公约 UNFCCC，没有实质性的行动指标和任务，主要目的是在政治意识层面形成全球共识，并且呼吁发达国家限制自己的温室气体排放，向发展中国家提供资金和技术支持。《京都协议书》共有 84 个国家签署，183 个国家通过，规定了发达国家承担减排义务，发展中国家由于经济发展的需求不承担减排义务。UNFCCC 和《京都议定书》的签订，是国际社会为了应对气候变化而共同努力的成果。

另一方面，碳排放权本质上是一种发展权，对于国家经济发展至关重要，在碳预算总量不变的情况下，一国碳排放空间的增多意味着其他国家碳排放空间的减少。围绕着应对气候变化，发达国家和发展中国家的博弈一直是主旋律。发达国家要求发展中国家在应对全球气候变化问题上承担共同的、无差别的减排义务，而发展中国家则要求发达国家担负历史排放责任，履行《京都议定书》中规定的发达国家的减排义务，并对发展中国家提供资金、技术的援助。同样，在发达国家内部，分歧依然存在，欧盟国家鉴于自身在节能环保方面的技术优势，主张发达国家要严格执行《京都议定书》所规定的减排指标，而以美国为首的一些国家，为了自身经济的发展，对发达国家应承担的减排义务持消极的态度，最为典型的就是美国一直拒绝签署《京都议定书》。这些围绕全球气候变化问题展开的斗争与合作，都标志着国际政治关系正在根据新的形势发生着调整与变化。

三、利益集团的重组

在应对气候变化的过程中，各种利益集团围绕自身利益诉求，通过气候谈判、资源贸易、新闻传播等方式参与影响国际气候变化决策。不同国家和地区为了自己的气候利益诉求，形成了以经济和地缘为主要特征的国家利益集团，如新兴市场国家集团、以美国为代表的伞形集团、欧盟、发展中国家集团（77 国集团＋中国）、小岛国联盟等。

"77 国集团＋中国"是广大发展中国家的一个松散的磋商机构。该机构的宗旨是在国际经济领域内加强发展中国家的团结与合作，推进建立新的国际经济新秩序。在碳减排领域，"77 国集团＋中国"机构的各成员国具有相似的特点和相近的利益诉求，因此在碳减排问题上有着共同的立场，即坚持"共同但有区别的责任"原则，要求发达国家率先承担减排义务，向发展中国家提供资金、技术与气候基础设施建设支持。

伞形集团（Umbrella Group）用以特指在当前全球气候变暖议题上不同立场的国家利益集团，具体指除欧盟以外的其他发达国家，包括美国、日本、加拿大、澳大利亚、新西兰、挪威、俄罗斯、乌克兰。因其地图连线成伞形，象征一把地球的保护伞而得名。伞形集团赞成弹性机制，通过排放权贸易来吸收缓解本国碳减排压力，主张对灵活机制的运用不加任何限制。

石油输出国组织（OPEC）国家不是正式的谈判集团，但在气候变化问题的立场上协调一致。由于气候变化目前并未对其产生较大影响，大多数 OPEC 国家对气候变化采取消极观望的态度，即使参与到相关的国际协议中，也多是出于国家的经济利益考虑，与应对气候变化问题本身无关。

小岛国联盟成立于 1991 年，是由受全球变暖威胁最大的几十个小岛屿及低海拔沿海国家组成的国家联盟。它致力于在联合国框架内，作为一个游说集团为小岛屿发展中国家发出声音。这一联盟的成立，使得小岛屿国家在国际政治上的地位得到了有效提升。

不仅是国家或地区利益集团，许多国际组织也积极参与其中，如联合国环境规划署、世界气象组织、联合国开发计划署、世界银行、全球环境基金等政府间国际组织，以及气候行动网络、绿色和平组织、地球之友等非政府间国际组织。此外，跨国企业、大众传媒、学术机构和某些个人的参与，使得应对气候变化的国际舞台上风起云涌，异彩纷呈。

从世界各国和利益集团在气候变化领域斗争与博弈的前景看来，摩擦与分歧将遍布气候谈判的各个方面，如果处理不当，很可能引发安全危机。目前世界各国都有合作的意愿，却缺乏妥协的准备和一定程度的互信，而持久、高效的合作有赖于战略互信的建立。只有世界各国寻找到了共同的利益，并在互信的基础上达成共识，才有可能在减少分歧、不断磨合的过程中进行合作，从而进一步建立起更为牢固的战略互信。世界各国只有在合作与摩擦的不断循环中，成功化解气候变化给国际安全带来的威胁，才能真正保障人类的和平与安全，并最终促进国际关系的和谐发展。

第三节　气候变化重建国际治理体系

一、国际规则

独木难支，孤掌难鸣。经过多年的气候谈判，世界各国通过签署 UNFCCC 和《巴黎协定》，明确了绿色低碳转型的方向，达成了世界各国共同采取行动应对气候变化的共识。可尽管如此，部分西方发达国家或出于控温的迫切需求，或出于地缘政治诉求，仍将节能减排视为一种政治工具，妄图以此限制发展中国家的现实发展需求。在气候变化日益加剧的背景下，全面落实已承诺的减排目标，构建公平合理、合作共赢的全球气候治理体系至关重要。这就要求各国在应对全球气候变化的实践过程中，必须坚持多边主义和"共同但有区别的责任"原则，通过公平正义的制度和规则来协调规范各国关系，积极承担减排责任，履行减排承诺，共同为全球气候治理作出应有的贡献。

二、技术标准

国际技术标准的制定决定了低碳转型的方向和强度，能够有效支持应对气候变化的活动。2007 年，国际环境标准化技术委员会成立了温室气体管理及相关活动分技术委员会（SC7），专门负责制定温室气体管理等方面的国际标准，目前已发布了 13 项标准，正在制定中的标准有 6 项（见图 9－4）。2011 年，碳捕集、碳封存标准技术委员会（ISOTC265）成立，专门负责制定碳捕集、碳封存等负碳排放技术领域的国际标准，目前已发布了 11 项标准。2021 年 10 月 22 日，中国标准化研究院编写的《碳达峰碳中和标准体系建设进展报告》中指出，在国际标准化组织（ISO）发布的 23000 多项国际标准中，有 1000 多项标准直接贡献于气候行动，包括环境管理体系、温室气体量化和报告、温室气体管理和气候行动、能源管理体系、绿色金融等 ISO 国际标准。我国政府也高度重视气候变化领域的标准化工作。我国现有行业标准中，涉及绿色、节能、可再生能源、循环经济、能效、能耗、温室气体等多个领域的行业标准有 700 余项。2022 年 2 月 15 日，国家标准化管理委员会发布《关于成立国家碳达峰碳中和标准化总体组的通知》，由国家碳达峰碳中和标准化总体组统筹并负责提出构建我国碳达峰碳中和标准体系的建议，指导开展国家标准（标准样品）制定、标准应用实施、标准国际化，协调相关标准的技术建议，为碳达峰碳中和有关标准技术一致性提供支持。

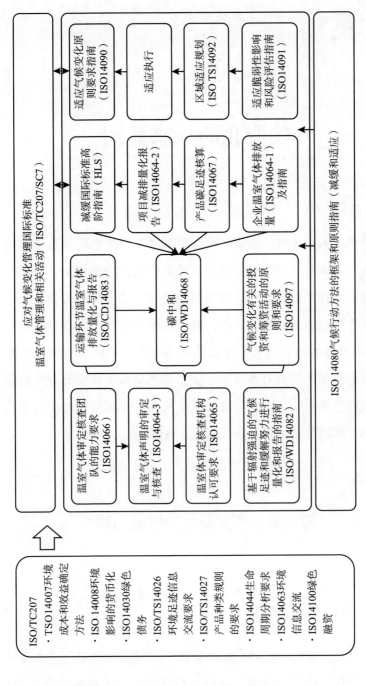

图 9 - 4　温室气体管理标准体系

资料来源：中国标准化研究院。

第十章

气候变化的未来蓝图

至少在未来百年内，围绕气候变化的博弈和合作都将是全球治理的焦点。本章将介绍气候变化给人类带来的挑战和博弈，探讨气候变化研究和技术前沿领域，提出气候变化的综合解决方案，介绍跨学科合作研究的未来地球计划，倡导全球构建"人与自然生命共同体"。本章将刻画应对气候变化的未来蓝图：气候治理应将自然科学和社会科学中的人类动力学与生物物理动力学研究充分结合起来，架设起科学研究与决策行动的桥梁使人类星球始终处于安全的运行空间，维护气候正义实现可持续发展目标。

第一节 气候变化的挑战与博弈

一、气候变化的挑战

现有研究在如何理解未来气候变化方面依旧有许多挑战亟待解决。对人类星球而言，气候变化研究面临着两个关键的长远挑战：

（1）气候变化的脆弱性和恢复力如何？气候变化的临界点是否可能威胁人类未来的状态？（2）如何在应对气候变化中更好地理解生物物理动力学与人类社会动力学之间的关系？气候研究的现实挑战，可以归纳为三个问题：第一，碳去了哪里？第二，天气如何随气候变化而变化？第三，气候如何影响地球的宜居性？（Marotzke et al.，2017）这些指导性问题为气候科学研究议程提供了一个新的视角，有助于加深对气候如何运作的基本理解，满足社会对气候信息的多种需求，并建立与其他学科、社会人士和决策者的联系与沟通。

（一）碳去了哪里

理解气候系统如何处理人类排放的碳对于揭示气候系统与人类活动互馈机理，有效采取气候变化行动异常重要，但目前学界对该科学问题的阐释仍较为模糊。现有技术方法可以用于估计区域的人为地表碳通量，如通过遥感监测反演 CO_2 的浓度，但是由于自然内部气候变率，确定地表通量变化中的人为部分变得愈加复杂。例如，在厄尔尼诺事件期间，由于陆地表面以及亚热带太平洋对碳吸收的减少，大气中 CO_2 浓度趋于升高，难以区分人类活动对于 CO_2 浓度上升的贡献程度。除此之外，由于气候变暖，陆地和海洋吸收的碳会减少，人为碳排放滞留在大气中，所占比例将不断上升，进一步加剧气候变化。因此，学界普遍认为气候和碳循环之间的反馈会趋于放大，但不确定其具体反馈程度。

（二）天气如何随气候变化而变化

人类和自然系统对短时间尺度内的天气事件更加敏感，特别是高强度天气变化事件，如热浪、洪水和风暴等，揭示天气随气候变化而变化的规律对于减缓和适应气候变化具有重大意义。当太阳将热量聚集在地表和低纬度地区时，环流系统会将能量从这些地方传输到能更有效辐射回太空的地方，在此过程中发生的大气现象和大气状态的变化即为天气变化。而环流系统的运行是高度活跃的，其包含跨尺度的交互过程，将环流系统跨尺度交互过程与气候状况变化等综合因素联系起来的研究并未发展成熟。同时，区域小尺度过程在形成环流响应方面发挥着重要作用，但由于现有技术方法的局限，这些过程还无法通过全球气候模式进行估算。

（三）气候如何影响地球的宜居性

气候变化将导致自然和人文环境的变化，甚至可能会出现超过包括人类在内的特定物种所能适应的极限的变化，例如出现超过生理极限的热应力区域、可用水量下降以及海平面上升造成的陆地损失等。以极端高温天气为例，越来越多的证据表明，在许多地区，极端高温天气正在增加，并保持着这一增长趋势。目前，世界上40%的人口生活在热带地区，而处于该地区的国家对高温导致的不利影响的适应能力有限，且当地居民的大部分生计来自室外劳动，在极端天气面前的暴露度和脆弱性更高。要想知道热应激何时何地可能超过人体生理极限，除了加强对气候敏感性的预估外，还需要在对局部湿热极端事件的理解和预测能力方面取得重大进展。

除此以外，目前全球的水循环仍然是人类了解最少的自然循环之一，气候变化又让水循环的周期预测变得更为艰难，未来农业、工业和家庭用水的可用性及其区域分布的预测仍面临着重大挑战。即使大气中温室气体的浓度稳定下来，海平面仍将持续上升几个世纪，对其进行预测估计也具有很强的不确定性，除了淹没沿海低洼地区外，海平面上升还会增加由风暴和潮汐导致的沿海洪水的危害和频率，从而威胁到大部分陆地表面的宜居性和生产力。

二、气候变化的博弈

当前，气候变化已经超越了科学问题范畴，产生了一系列新的政治、经济和国际法律等问题，其背后蕴藏着复杂的政治诉求与经济利益博弈。尽管如此，全球气候变暖已是不争的事实，世界各国在应对气候变化问题上已经逐渐达成共识。但在响应这一科学问题的解决方案上，因各国利益诉求不同，采取气候变化行动的政治立场迥异，导致行动进程缓慢。

各国在应对气候变化的态度上存在较大差异，表现出了相当的复杂性，尤其是发达国家和发展中国家之间的矛盾，对各国应对气候变化的立场和政策走向产生了较大影响。对于发达国家而言，受美国的影响，除欧洲等率先开展碳减排的发达国家外，其余发达国家近几年在应对气候变化的态度上表现出了消极的变化。例如，加拿大政府自2006年换届后，积极向美国靠拢，参与保护全球气候的态度发生了反转，从先前积极推动气候治理转变为态度消极懈怠，遭到了国际社会的批评；日本政府参与全球气候治理的态度和决心也不再像过去那般积极主动，而是持观望态度，观察美国及发展中国家参与下一阶段减排承诺的行为表现。与众多发达国家不同的是，作为世界上最大的发展中国家，中国在参与全球气候治理方面始终秉持着负责任的态度，积极推动构建公平合理、合作共赢的全球气候治理体系。

第二节 气候变化的研究和技术前沿

一、研究前沿

（一）气候变化研究前沿

为了解决人类社会面临的可持续发展问题，2014 年 9 月，IPCC 联合 WCRP 提出了自然科学的 9 个前沿研究领域，包括：冰冻圈消融及其全球影响，云、环流和气候敏感度，气候系统的碳反馈，理解和预测极端天气气候事件，区域气候信息，水资源可利用量，区域海平面上升及其对沿海地区的影响，气溶胶和大气化学，近期气候预测与归因，其中 7 个与气候变化相关（孙颖等，2015）。在气候变化不断加剧的背景下，学界仍面临着诸多迫切需要回答的科学难题。

（二）气候变化的减缓、适应和恢复力

减缓和适应作为应对气候变化的两大途径，是学界长期关注的焦点。在气候适应与恢复力方面，学界目前已经取得了一些明显的进展，扩大了人们对社会如何适应、适应的限度以及损失和损害的了解。例如，相关研究探讨了不同背景和规模下适应的生活经验，增加了关于社会如何应对气候风险的多样化的证据基础（McNamara & Buggy，2017）；关于损失和损害的文献不断扩大研究范围，承认

了气候变化的非经济性负面影响的重要性（Mechler et al.，2020）。这些进展表明，小规模和渐进式的适应措施不足以预防气候风险，在未来的适应研究中需要重点关注转型。迄今为止，研究仍未解决应对气候变化的影响分析中存在的时空错配问题（Cai et al.，2021）。尽管 IPCC 第六次报告强调了为应对气候变化挑战而进行广泛和前所未有的减缓和适应的必要性，但对这些主题的研究仍然有限，因此目前迫切需要开展研究，探索反映不同背景和规模的一系列行为者的转型适应可能性和模式，以及参与者如何合作以促进转型。

气候变化给自然、人类和基础设施等带来了风险，并且这些风险会随着全球变暖幅度的增加而增强。减少这些风险并不能仅依赖于减缓全球变暖，还需要适应性的措施。这需要将应对气候风险与减少温室气体排放的策略和行动（减缓和适应）结合起来，这个综合集成的解决方案就是气候恢复力发展（climate resilient development，CRD）。IPCC（2022a）将气候恢复力发展定义为"实施温室气体减缓和适应措施的过程，以支持所有人的可持续发展"。气候恢复力发展强调减缓和适应之间的协同作用和权衡，提升人类福祉和地球健康水平，支持以公平与正义的方式参与气候行动，追求可持续发展目标（张百超等，2022）。气候恢复力发展的相关研究总体还处于起步阶段。未来，气候恢复力发展研究的前沿领域将包括：如何在实践中避免不良适应；综合评估不同的适应、减缓与促进可持续发展的干预措施的效果；如何以包容、公平、公正的原则设计不同的气候恢复力发展路径；行动者（政府、机构、个人）如何通过推动社会变革为新的气候恢复力发展探索解决方案等（IPCC，2022a）。

（三）气候变化与远程耦合

气候变化源于与化石燃料燃烧和土地利用有关的人类活动，将广泛的社会、经济、生态等全球要素紧密联系了起来。不同要素的远距离相互作用对人类发展环境产生了深远的影响。这种远程相互作用日益深入地影响着世界性的重大问题，如生物多样性减少、粮食安全、土地利用、减轻贫困，人口流动、健康福祉以及资源缺乏等。应对气候变化给社会和环境带来的负面影响，我们首先需要全面理解远程相互作用并提高预测远程相互作用及其后果的能力。

气候变化所引发的远程相互作用给地球的可持续性带来了前所未有的挑战，需要建立一个可以综合分析这些问题的研究框架（孙晶等，2020）。为应对这些挑战，刘建国于 2008 年提出了"远程耦合"（telecoupling，社会、经济、环境的远距离相互作用）的科学概念，并与其他科学家于 2013 年构建了"远程耦合"综合研究框架，用于多个人类与自然耦合系统的多时空尺度的全方位研究和解释（Liu et al. , 2013；孙晶等，2020）。远程耦合是耦合系统的自然逻辑延伸（见图 10 – 1），包含了一系列相互关联的距离遥远的人类与自然耦合系统：每个耦合系统内由代理、原因、影响三个部分组成；耦合系统之间是由流来连接的；根据流的方向耦合系统，可以分为发送系统、接收系统、外溢系统（Liu et al. , 2013；孙晶等，2020）。

在远程耦合框架基础上，刘建国（2017）提出了更新的全程耦合（metacoupling）框架。全程耦合框架包括域内耦合（intracoupling）、邻域耦合（intercoupling）和跨域耦合（telecoupling），反映了不同尺度上人类自然系统的显性和隐性的耦合关系。全程耦合理念可以将地方行动与全球努力有力地连接起来，提升气候行动的有效性。这些尺度依赖的气候资源向气候经济级差地区移动，缩小了区域、组织和认知的差距。

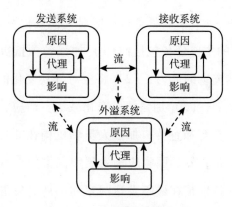

发送系统　接收系统

原因　代理　影响　　流　　原因　代理　影响

流　　外溢系统　　流

原因　代理　影响

图 10 - 1　远程耦合框架示意

资料来源：孙晶等（2020）。

事实上，围绕气候变化、环境退化、资源转移等一系列的全球问题，决策者和研究者都在思考社会生态系统的耦合分析和管理问题（蔡晶晶，2011）。在社会生态系统中，水、土、气、人、生产多要素相互作用，传统的局地、单向、单一尺度"人—地关系"研究已经难以适应复杂性分析的要求，而人类世新近出现的诸多地理现象也超越了距离衰减律的解释范围（孙晶等，2020）。一些综合性耦合分析框架，如社会—经济—自然复合生态系统（马世骏和王如松，1984），人类与自然耦合系统（coupled human and natural system，CHANS）（Liu et al.，2007），社会—生态系统（Holling，2001；蔡晶晶，2011），星球边界（Rockström et al.，2009），城市空间概念框架（Yang et al.，2012）等，为解析气候变化背景下的全球性资源环境问题提供了综合的分析思路。

（四）气候变化与可持续发展目标

为应对气候变化及其影响，联合国可持续发展目标（SDGs）中设立了第13项——"采取紧急行动应对气候变化及其影响"（SDG 13）。① SDG 13 的主要任务包括：（1）加强各国抵御和适应气候相关的灾害和自然灾害的能力；（2）将应对气候变化的举措纳入国家政策、战略和规划；（3）加强气候变化减缓、适应、减少影响和早期预警等方面的教育和宣传，加强人员和机构在此方面的能力。其中，需要强调的是，发达国家应为发展中国家应对气候变化提供资金和技术支持。特别是在最不发达国家和小岛屿发展中国家建立增强能力的机制，帮助其进行与气候变化有关的规划和管理。

在此背景下，碳减排和碳汇领域的相关研究在近年来得以蓬勃发展。传统研究对碳减缓的影响分析主要聚焦在技术和宏观经济成本上，随着跨学科研究和综合评估模型的发展，学界正不断拓展碳减排影响的评估维度，包括环境、生态、就业、健康、公平和其他社会成本（Fuso et al., 2019；Yang et al., 2021）。而且，气候变化所引起的协同效益和级联风险，正得到越来越多的重视。得益于大数据、集成模型的发展，碳减缓影响研究的尺度从以往的全球、国家、省、部门层级逐步细化。而且，在 CCUS 技术不成熟的背景下，基于自然的解决方案将成为应对气候变化的优先选项。未来研究需要在生态系统和社会经济部门之间协调从而更细致地了解气候变化对所有可持续发展目标的潜在影响。

---

① https://www.un.org/sustainabledevelopment/zh/climate-change-2/.

二、技术前沿

（一）零碳能源关键技术体系

作为应对气候变化的关键技术领域，零碳能源关键技术体系主要包括传统能源的低碳转型和新能源的普及应用两个方面（郭楷模等，2021），重点在于研发源头控制的"无碳技术"，即大力开发以无碳排放为根本特征的清洁能源技术。其中传统能源低碳转型是当前面临的紧迫任务，也是低碳发展面临的严峻挑战，其关键技术的突破主要围绕先进高效低排放燃烧发电、碳基能源高效催化转化等方面进行。在新能源技术研发和推广领域，重构低碳绿色能源体系是工作的重中之重，主要包括风力发电、太阳能发电、水力发电、地热供暖与发电、生物质燃料、核能技术等。

（二）低碳产业转型关键技术体系

推动工业、交通等高碳排放部门的低碳转型是减缓气候变化的必要措施，而清洁能源使用、生产工艺创新，以及 CCUS 等关键技术的突破，将有力推动工业部门进行碳减排。从不同生产环节来看，作为工业生产过程中高碳排放的生产环节，在燃料端推广可再生电力、生物质能、氢等清洁燃料的应用，以及在消费端推动工艺技术变革和创新，能够有效推动工业生产过程中的碳减排。针对交通部门而言，节能提效技术的应用在短期内能够实现脱碳，减缓交通部门的能源需求，而发展可持续性低碳燃料和电动化则是交通部门实现中长期脱碳的关键。

（三）负排放关键技术体系

人类的生产生活离不开能源的消耗，短期内能源系统很难实现完全脱碳。因此，要实现净零排放，除了削减"碳源"之外，还需要增加"碳汇"。负碳排放作为增加"碳汇"的关键技术，是应对气候变化技术体系中的重要内容，其研发的重点在于吸收或消纳生产过程中无法通过技术手段实现减排的碳。负排放技术种类繁多，尚处于不断发展阶段，根据碳移除的不同原理，可以将负碳排放技术分为以下两类：（1）基于生物过程的负排放技术，即利用光合作用吸收大气中的 CO_2，将碳固定在植物、土壤、湿地或海洋中，主要包括植树造林、土壤固碳、生物质能—CCUS、生物炭、蓝碳和海洋施肥等技术；（2）基于化学手段的负排放技术，即利用化学或地球化学反应吸附或捕集大气中的 CO_2，并进一步封存或利用，主要包括直接空气捕集和加速矿化两类。

第三节　气候变化的综合解决方案

一、气候变化的系统理解

气候系统连接着并受制于生物圈、岩石圈、人类圈、大气圈、水圈等五大圈层的运行过程和内在机制（Steffen et al. , 2020）。人类通过三种作用力（CO_2、污染物排放和土地利用变化）及其相应的影响在气候系统演化中扮演着至关重要的角色。从图 10 - 2 中可以看出，气候变化只是人类圈活动的后果之一。气候变化正在改变和打破这种圈层的自然运行过程，将地球引向不确定的发展方向。气候变化面临的重大挑战是实现生物物理过程和人类动力学的深度融合，以建立对地球环境的统一理解。

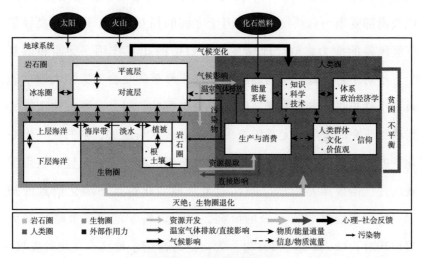

图 10 - 2　地球系统概念

注：图中，人类（人类圈）被视为一个完全整合的、相互作用的圈层。人类圈的内部动力学被描述为生产/消费核心，受能源系统驱动，受人类社会调控，同时受人类文化、价值观、制度和知识的影响。人类世与地球系统其余组分之间的相互作用是双向的，人类温室气体排放、资源开采和污染物对地圈—生物圈系统产生了深远影响。地球系统其余组分对人类圈的反馈也很重要，包括气候变化和生物圈退化的直接影响，及人类圈内部与地球系统其余组分的心理社会反馈。

资料来源：Steffen et al.（2020）.

　　当前，全球科学家和政治家正在合作应对气候变化。最终，将把人类动力学与生物物理动力学充分结合起来，实现人类星球尺度上的可持续发展。本书将结合全球前沿研究（如 Steffen et al.，2020）及 WCRP 发布的报告《新出现的气候风险以及如何将全球变暖限制在 2.0℃ 以内？》（*Emerging Climate Risks and What Will It Take*

to Limit Global Warming to 2. 0 Degrees Celsius?)[①] 等，探讨气候变化
的综合解决方案。

我们需要加深对于一些罕见的复合事件的理解，这些事件发生
率极低，但往往造成的破坏很大。应开展观测研究、过程研究和模
型研究，用以理解和模拟罕见的极端事件与连续不断的气候事件，
以及内部变率与自然气候驱动因子之间的相互作用。还应提高评估
气候风险的能力、整合地球系统模型中的相互作用、反馈和恢复
力，这对于量化低概率的高影响事件、严重的复合灾害、大规模的
极端事件与临界点带来的风险是十分必要的。另外，要加快南极气
候科学研究的进展，尤其需要关注南极海冰与冰架，它们在气候变
化下的稳定性及其对海平面上升的影响仍然存在不确定性。值得重
视的是，需要丰富对冰冻圈在未来气候变化情景下演化情景的知
识，特别需要加强第三极的研究，以制定科学的管理策略（秦大
河，2021；Luo et al.，2022）。为促进跨部门、地区、文化的发展，
还需要对社会系统有更好的理解。

改善区域到局部的气候变化信息，在时间尺度上，对所有相关
过程及其相互作用进行更好的观测和建模，并利用古代气候和观测
资料改善模型，有利于提高气候预测的质量和使用率，为气候风险
评估提供信息，确保安全、公正地保护地球系统以促进人类发展。
例如，哪些排放途径可保护宜居性和粮食安全；在保持食物和水的
供应、保护生物多样性的同时，去除 CO_2 对气候有什么影响；在气
候变化和人类活动的影响下，陆地自然系统和水库中的水资源再分
配会带来什么风险；水循环加剧和变异性增加对相应地区有什么影

---

① 资料来源：https：//www. wcrp-climate. org/cop26 – 2021/cop26 – statement.

响；如何保护可居住的海岸带；如何更好地量化低概率高影响事件的风险等。

在人类世时代，气候变化的系统理解离不开对社会、生态和地球系统的综合理解和模拟。技术的突破，如高速计算、数字化、大数据、人工智能和机器学习等（Steffen et al.，2007），正提升着我们对气候变化关键过程及其相互作用和非线性行为的理解，特别是人类圈在地球系统中角色的理解。然而，要解决气候变化及其带来的长远影响，需要的不仅仅是技术，更要结合不断发展的创新研究和政策理念。例如，连接生物物理维度（例如气候）与社会科学和人文科学（Claussen et al.，2002；Steffen et al.，2020）。随着这些理念和工具的发展，我们不仅能更多地了解地球，还能更多地了解我们自己、我们的社会和治理体系以及我们的核心价值观和愿望。

二、气候变化研究和推动决策

目前，全球和区域尺度的气候信息充足，问题在于行动的缺乏。经历气候影响的局部地区，即使可靠的气候信息有限，也有采取行动的意愿，这就导致资源决策方与受影响方之间产生了矛盾。WCRP 发布的报告《新出现的气候风险以及如何将全球变暖限制在 2.0℃以内?》认为，为确保做出科学的气候决策，并减少对世界各地易受影响地区的破坏，需要采取积极的气候行动。

第一，需要加强研究气候和生态系统与生物多样性群体之间的联系，以便更好地理解不断变化的气候与当地压力对生态系统及其生态碳储存能力的影响，并优化协同效益。

第二，应加强"自上而下"的气候信息生产和"自下而上"的区域决策之间的联系，通过减少社会对气候灾害的暴露程度和敏感性，更好地指导必要的适应工作，最大限度地降低社会的脆弱性，并提高社区适应不断变化的气候风险的能力。

第三，需要加强科学家、利益相关者和决策者之间的联系，以强有力的气候变化科学和信息为基础，在减缓和适应气候变化方面采取联合和互补性办法，产生协同效益。其中，减缓气候变化需要全球协调的政府政策，适应气候变化则需要区域尺度的方法。

第四，应加强科学界和地方社区之间的联系，开发一种更有效的"自下而上"的方法，既要考虑当地的复杂性，又要提出简单的解决方案，使当地社区能够理解自己的处境。

第五，强调在人类公平福祉理念和可持续发展目标指引下应对气候变化，共建"人类共同家园（common home of humanity）"。为了解决气候变化乃至人类活动带来的新的环境风险，未来必须融合大量研究工具、方法和见解来理解人类星球的可持续性过程。人类是驱动地球系统演变的主导力量，我们不再是"大星球上的小世界"，而是"小星球上的大世界"（Zalasiewicz et al.，2015）。

三、气候变化的国际合作

气候科学量化和诊断了人为的气候变化，以便社会和决策者清楚地了解未来的气候。但是，物理科学和技术本身并不能解决问题。我们还需要政治力量、经济学家、社会大众、决策者、伦理学家等多方力量的共同参与，以加速气候变化的决策和合作行动。

受当前经贸摩擦、新冠肺炎疫情、能源危机、俄乌冲突等影响，实现气候变化目标的不确定性急剧增加。应对气候变化及实现减排目标面临以下困境：是优先应对眼下的疫情，降低全球供应链风险，快速经济复苏，舒缓能源危机？还是继续维持既定的减排目标？这些困境可能会在短期内影响全球气候治理，延缓气候治理目标的实现。地球大气资源具有公共物品属性，气候变化的影响和治理是全球性的，气候谈判中暂时的分歧并不可怕，但无论如何，人们必须认识到，应对气候变化是全人类共同的责任。

在此背景下，开展国际合作，共同采取气候行动是应对全球气候变化的必由路径。一方面，开展国际合作可以推动气候认知和科技创新，通过交流合作，提升国际社会对气候问题的认识并确立行动目标，促进气候友好技术的开发和普及应用；另一方面，通过国际合作引导投资、市场及经济发展方向，借助资金支持模式、国际贸易规则等手段，可以促进建立气候与环境友好型市场体系，引导发展低碳经济。

当前，UNFCCC 等国际合作机制为国家间开展气候治理提供了合作平台，而《巴黎协定》通过 NDC 的方法建立了新的气候治理体制，对全球共同行动以应对气候变化作出了重要响应。在联合国平台下开展的气候行动目标谈判，以及在 G20、APEC 等相关国际机制下开展的气候对话，促进了各国之间凝聚共识，提升了气候行动成效。但各国之间发展阶段和发展水平不一，在应对气候变化的能力和低碳转型发展的成本方面存在较大差异，尤其是经济不发达和脆弱性较高的发展中国家，更需要国际社会在资金和技术上予以支持。为此，国际合作需要坚持"共同但有区别的责任"原则，在不同国情和利益诉求间寻求平衡点，激励各方共同采取行动。

四、共同的零碳目标

为降低气候风险，2015 年的《巴黎协定》和《格拉斯哥气候公约》明确了气候变化的努力目标，即将全球平均气温较前工业化时期上升幅度控制在2℃以内，并努力将温度上升幅度限制在1.5℃以内。为达到此目标，全球多数国家确定了在21世纪中叶前后实现净零碳排放的目标。然而，各国在碳中和行动方面的进展不甚乐观。可选的行动，除可更新能源替代、能源利用效率提升、消费端减少碳排放、CCUS、基于自然的解决方案（张小全等，2020）外，CCUS相关的技术创新也至关重要。

气候变化的科学判断已经非常明确，但围绕气候变化的政治博弈一直在持续。在这种情况下，科学界本身必须做出改变，民众也需要了解并执行那些在生活上需要做出的变化。全球需要在政治经济上形成合力，才能扭转目前应对气候变化的窘境。

第四节　未来地球计划

一、未来地球计划的框架体系

"未来地球计划"（Future Earth，FE）（2014~2023年）是由国际科学理事会（ICSU）和国际社会科学理事会（ISSC）发起，联合国教科文组织（UNESCO）、联合国环境署（UNEP）等共同牵头组建的为期十年的大型科学计划，见图10-3。该计划于2014年开始实施，整合了世界气候研究计划（WCRP）、国际地圈生物圈计划（IGBP）、国际生物多样性计划（DIVERSITAS）和国际全球环境变化人文因素计划（IHDP）等四大全球环境变化计划，目的是应对全球环境变化给各区域、国家和社会带来的挑战，加强自然科学与社会科学的沟通与合作，强调学者、政府、企业、资助机构、用户等利益相关者的协同和推广，为全球可持续发展提供必要的理论知识、研究手段和方法（秦大河，2021）。未来地球计划取代了原有的地球系统科学联盟（Earth System Science Partnership），对于地球系统科学联盟多学科集成脱节、应用性不突出、计划制定不完善、成果推广应用机制不健全、决策支撑不到位等问题进行了改进（曲建升等，2016）。

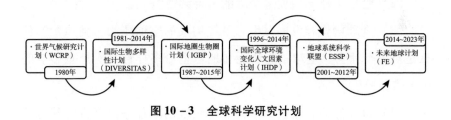

图 10 - 3　全球科学研究计划

　　未来地球计划重点研究未来环境变化的风险与预测、全球环境变化的原因和机制、未来地球可持续发展道路与方法。围绕动态星球（dynamic planet）、全球发展（global development）、可持续性转变（transition to sustainability）三大核心课题，提出了应对地球系统变化、为人类优先发展提供支持以及朝着可持续性转变需求的解决方案（秦大河，2018）。该计划分析研究了与全球、地区可持续发展有关的实际问题，并建议增强地球观测系统、数据共享系统、地球系统模式、发展地球科学理论、综合与评估、能力建设与教育、信息交流、科学与政策的沟通与平台这八个关键交叉领域的能力建设。

二、未来地球计划的任务和目标

未来地球计划的期限约定为十年，在此期间应致力于推进科学研究和预警分析，模拟人类—环境的相互作用系统，在全球可持续发展的机遇下，为人类发展提出解决方法。未来地球计划关注的主要科学问题涉及以下十个方面（辛源和王守荣，2015）：

（1）如何保证当代和未来地球人口的水资源、清洁空气和粮食可持续安全？

（2）管理工作如何促进全球的可持续性？

（3）全球增长和发展对生态系统构成的空前压力有何风险？什么是对人类社会、地球系统功能和地球生命多样性具有严重影响的临界点风险？

（4）世界经济和工业如何转型、刺激创新程序以促进全球可持续性？

（5）面对全球城市化快速发展的形势，如何通过规划手段，增强城市的人口承载力，体现人和自然资源利用的可持续全球足迹？

（6）在全球向低碳经济快速转型的背景下，如何使所有人都能使用安全能源？

（7）人类如何适应全球变暖的社会和生态影响？适应气候变化的障碍、限制和机遇是什么？

（8）如何保持生态系统和进化系统的完整性、多样性和功能，使得地球上的生命和生态系统服务能够持续，进而增强人类健康和福祉？

（9）什么样的生活方式、伦理学和价值观有利于环境管理和人类福祉，这些贡献如何对全球可持续性转型提供支持？

（10）全球环境变化如何影响贫困和发展？如何减轻贫困？如何构建有利于实现全球可持续性转型良性生计？

三、未来地球计划在中国

2014年3月21日，"未来地球计划"中国委员会在北京正式成立，旨在全面参与"未来地球计划"大型科学项目，推动学科交叉融合，催生新学科前沿、新科技领域和新创新形态，以更好地服务于社会发展。中国委员会将推动利用国际资源促进中国生态文明建设，并通过对气候变化、环境污染、城镇化等难题提出解决方案，促进中国在全球环境变化与地球可持续性等领域的科学研究。

中国在参与未来地球计划的过程中，进一步完善了应对气候和发展问题的机制，在研究方法层面，中国也有一定的创新和协调。未来地球计划的出现，使我们有了思维上的转变，"既要关注两者的科学内涵和学术价值，也要为解决人类生存、未来繁荣的重大问题提供科学的解释和对策"，更为科学研究的方向提供了新的思路。

第五节　人与自然生命共同体

中国是全球生态文明建设的参与者、贡献者、引领者。"面对全球环境治理前所未有的困难，国际社会要以前所未有的雄心和行动，勇于担当，勠力同心，共同构建人与自然生命共同体。"2021

年 4 月 22 日，在领导人气候峰会上，习近平主席站在全球生态文明建设的高度深入阐述了应对气候变化挑战之策，倡导共同构建人与自然生命共同体，呼应国际社会成员的共同心声。

中国积极参与全球气候治理，是应对气候变化国际合作的引领者。在此进程中，高举应对气候变化国际合作大旗，既维护了国家发展利益，提升在国际气候事务中的规则制定权和话语权，又树立了负责任的大国形象，推动构建人类命运共同体，保护地球家园，为全球生态安全做出新贡献。

作为气候治理的行动派，中国主动承担与国情相符合的国际责任，并不断自我鞭策，提高应对气候变化行动力度。中国把应对气候变化作为推进生态文明建设、实现高质量发展的重要抓手，基于中国实现可持续发展的内在要求和推动构建人类命运共同体的责任担当，形成了应对气候变化的新理念，以中国智慧为全球气候治理贡献力量。

为实现应对气候变化目标，中国制定和实施了一系列应对气候变化战略、法规、政策、标准与行动，积极推动着中国应对气候变化的实践。中国正在以新发展理念为引领，在推动高质量发展中促进经济社会发展的全面绿色转型。中国在多个五年计划中，提出了降低能源消耗以及碳排放的相关目标。同时，不断完善绿色生产和消费的法律制度和技术导向，推进市场导向的绿色技术创新，启动全国碳排放交易体系，为提高国际引导力夯实基础。

气候变化作为一项全球性的挑战，对世界各国经济社会发展以及人类福祉均造成了不同程度的影响，其中一些影响将不可逆转，这就需要采取全球性的共同行动予以应对。但是，尽管气候变化是一项全球性挑战，其产生的影响在不同的国家并不完全对等，尤其是部分脆弱性较高的小岛屿国家和发展中国家，往往面临着更大的风险和更高的代价。在此背景下，国际社会更应秉持"人与自然生命共同体"的发展理念，履行气候治理承诺，积极维护气候正义，共同应对全球气候变化带来的挑战。

主要参考文献

［1］蔡晶晶. 环境与资源的"持续性科学"：国外"社会—生态"耦合分析的兴起、途径和意义［J］. 国外社会科学，2011，3：42－49.

［2］陈其针，王文涛，卫新锋，彭雪婷，等. IPCC 的成立、机制、影响及争议［J］. 中国人口·资源与环境，2020，30（5）：1－9.

［3］陈先鹏，方恺，彭建，等. 资源环境承载力评估新视角：行星边界框架的源起、发展与展望［J］. 自然资源学报，2020，35（3）：513－531.

［4］崔琦，杨军，董琬璐. 中国碳排放量估计结果及差异影响因素分析［J］. 中国人口·资源与环境，2016，26（2）：35－41.

［5］樊星，王际杰，王田，等. 马德里气候大会盘点及全球气候治理展望［J］. 气候变化研究进展，2020，16（3）：367－372.

［6］葛全胜，方修琦，郑景云. 中国历史时期气候变化影响及其应对的启示［J］. 地球科学进展，2014，29（1）：23－29.

［7］郭楷模，孙玉玲，裴惠娟，等. 趋势观察：国际碳中和行动关键技术前沿热点与发展趋势［J］. 中国科学院院刊，2021，36（9）：1111－1115.

［8］何京东，曹大泉，段晓男，赵涛，等. 发挥国家战略科技

力量作用，为"双碳"目标提供有力科技支撑［J］.中国科学院院刊，2022，37（4）：415－422.

［9］胡德胜.德法英能源供给结构变革与制度演进及其对中国的启示［J］.西安交通大学学报（社会科学版），2022，42（4）：61－73.

［10］胡杉宇.英国"脱欧"后的气候变化政策［D］.北京：北京大学，2021.

［11］鞠继武.徐霞客与《徐霞客游记》［J］.地理研究，1986，（4）：12－17.

［12］康樾桐，毛晓杰，刘文静.国际碳税实践及启示［J］.中国金融，2022（6）：82－83.

［13］科学技术部社会发展科技司，中国21世纪议程管理中心.应对气候变化国家研究进展报告［M］.北京：科学出版社，2013.

［14］李廉水，蔡洋，谭玲.基于动态CGE模型的中国暴雨洪涝灾害综合经济损失评估研究［J］.河海大学学报（哲学社会科学版），2020，22（1）：28－36，106.

［15］李祝，王松林，曾炜，等.适应与减缓气候变化［M］.北京：科学出版社，2019.

［16］马世骏，王如松.社会—经济—自然复合生态系统［J］.生态学报，1984，4（1）：1－9.

［17］欧阳志远，史作廷，石敏俊，等."碳达峰碳中和"：挑战与对策［J］.河北经贸大学学报，2021，42（5）：1－11.

［18］潘志华，郑大玮.气候变化科学导论［M］.北京：气象出版社，2015.

［19］气候变化影响及减缓与适应行动研究编写组.气候变化

影响及减缓与适应行动［M］.北京：清华大学出版社，2012.

［21］秦大河.气候变化科学概论［M］.北京：科学出版社，2018.

［20］秦大河.气候变化科学概论（修订版）［M］.北京：科学出版社，2021.

［22］曲建升，陈伟，曾静静，孙玉玲，等.国际碳中和战略行动与科技布局分析及对我国的启示建议［J］.中国科学院院刊，2022，37（4）：444－458.

［23］曲建升，宋晓谕，廖琴.中国未来地球计划的协同推广机制建设初探［J］.气候变化研究进展，2016，12（5）：382－388.

［24］石海莹，吕宇波，冯朝材.海平面上升对海南岛沿海地区的影响［J］.海洋开发与管理，2018，35（10）：68－71.

［25］史军，胡思宇.确定应对气候变化责任主体的伦理原则［J］.科学与社会，2015，5（2）：111－120.

［26］孙晶，刘建国，杨新军，等.人类世可持续发展背景下的远程耦合框架及其应用［J］.地理学报，2020，75（11）：2408－2416.

［27］孙颖，秦大河，周波涛.未来气候变化科学研究的主要方向和挑战［J］.气候变化研究进展，2015，11（5）：324－330.

［28］田云，林子娟.巴黎协定下中国碳排放权省域分配及减排潜力评估研究［J］.自然资源学报，2021，36（4）：921－933.

［29］王会昌.2000年来中国北方游牧民族南迁与气候变化［J］.地理科学，1996，16（3）：274－279.

［30］王慧，李文善，范文静，等.2020年中国沿海海平面变化及影响状况［J］.气候变化研究进展，2022，18（1）：122－128.

［31］王建芳，苏利阳，谭显春，陈晓怡，等．主要经济体碳中和战略取向、政策举措及启示［J］．中国科学院院刊，2022，37（4）：479－489．

［32］王蕾，张百超，石英，等．IPCC 第六次评估报告关于气候变化影响和风险主要结论的解读［J］．气候变化研究进展，2022，18（4）：389－394．（4）．

［33］王露．楼兰消失之谜［J］．青年文学家，2021，15：17－19．

［34］威廉·庞德斯通（William Poundstone）著．吴鹤龄 译．囚徒的困境［M］．北京：中信出版社，2016．

［35］吴静，王铮．2000 年来中国人口地理演变的 Agent 模拟分析［J］．地理学报，2008，63（2）：185－194．

［36］项目综合报告编写组．《中国长期低碳发展战略与转型路径研究》综合报告［J］．中国人口·资源与环境，2020，30（11）：1－25．

［37］辛源，王守荣．"未来地球"科学计划与可持续发展［J］．中国软科学，2015，1：20－27．

［38］姚天冲，于天英．"共同但有区别的责任"原则刍议［J］．社会科学辑刊，2011，（1）：99－103．

［39］殷永元，王桂新．全球气候评估方法及其应用［M］．北京：高等教育出版社，2004．

［40］于贵瑞，郝天象，朱剑兴．中国碳达峰、碳中和行动方略之探讨［J］．中国科学院院刊，2022，37（4）：423－434．

［41］张百超，庞博，秦云，等．IPCC AR6 报告关于气候恢复力发展的解读［J］．气候变化研究进展，2022，18（4）：460－467．

［42］张立峰.从王士性的游记看明代气象科技文化发展［J］.气象史研究，2021，（1）：103－114，266.

［43］张丽霞，陈晓龙，辛晓歌.CMIP6情景模式比较计划概况与评述［J］.气候变化研究进展，2019，15（5）：519－525.

［44］张琦峰.面向碳达峰目标的我国碳排放权交易机制研究［D］.杭州：浙江大学，2021.

［45］张小全，谢茜，曾楠.基于自然的气候变化解决方案［J］.气候变化研究进展，2020，16（3）：336－344.

［46］章典，詹志勇，林初升，等.气候变化与中国的战争、社会动乱和朝代变迁［J］.科学通报，2004，49（23）：2468－2474.

［47］中国科学院可持续发展战略研究组.2020中国可持续发展报告：中国特色的碳中和道路［M］.北京：科学出版社，2021.

［48］中国气象局气候变化中心.中国气候变化蓝皮书2021［M］.北京：科学出版社，2021.

［49］中华人民共和国国务院新闻办公室.中国应对气候变化的政策与行动［R］.2021.

［50］周梦子，周广胜，吕晓敏，等.1.5℃和2℃升温阈值下中国温度和降水变化的预估［J］.气象学报，2019，77（4）：728－744.

［51］周天军，陈梓明，陈晓龙，等.IPCC AR6报告解读：未来的全球气候：基于情景的预估和近期信息［J］.气候变化研究进展，2021，17（6）：652－663.

［52］周天军，张文霞，陈德亮，张学斌，李超，左萌，陈晓龙.2021年诺贝尔物理学奖解读：从温室效应到地球系统科学［J］.中国科学：地球科学，2022，52（4）：579－594.

［53］周天军，邹立维，陈晓龙.第六次国际耦合模式比较计划

（CMIP6）评述 [J]. 气候变化研究进展, 2019, 15 (5): 445 –456.

[54] 朱晓勤, 温浩鹏. 气候变化领域共同但有区别的责任原则: 困境、挑战与发展 [J]. 山东科技大学学报（社会科学版）, 2010, 12 (2): 33 –38.

[55] 竺可桢. 中国近五千年来气候变迁的初步研究 [J]. 考古学报, 1972, (1): 15 –38.

[56] Broecker W S. Climatic change: Are we on the brink of a pronounced global warming? Science, 1975, 189 (4201): 460 –463.

[57] Buckley, B. M, Anchukaitis, K. J, Penny, D, et al. Climate as a contributing factor in the demise of Angkor, Cambodia. Proceedings of the National Academy of Sciences, 2010, 107 (15): 6748 – 6752.

[58] Burke, K. D, Williams, J. W, Chandler, M. A, et al. Pliocene and Eocene provide best analogs for near-future climates. Proceedings of the National Academy of Sciences, 2018, 115 (52), 13288 – 13293.

[59] Cai W, Clapp C, Das I, et al. Reflections on weather and climate research. Nature Reviews Earth & Environment, 2021, 2 (1): 9 –14.

[60] Callendar G S. The artificial production of carbon dioxide and its influence on temperature. Quarterly Journal of the Royal Meteorological Society, 1938, 64 (275): 223 –240.

[61] Cayuela H, Lemaître J F, Muths E, et al. Thermal conditions predict intraspecific variation in senescence rate in frogs and toads. Proceedings of the National Academy of Sciences, 2021, 118 (49):

e2112235118.

[62] Claussen M, Mysak L, Weaver A, et al. Earth system models of intermediate complexity: Closing the gap in the spectrum of climate system models. Climate Dynamics, 2002, 18 (7): 579 – 586.

[63] Crippa M, Guizzardi D, Muntean M, et al. Fossil CO_2 emissions of all world countries. Luxembourg: European Commission, 2020.

[64] Cruzen P J. Geology of mankind: the Anthropocene. Nature, 2002, 415: 23.

[65] Dansgaard W, Johnsen S J, Clausen H B, et al. Speculations about the next glaciation. Quaternary Research, 1972, 2 (3): 396 – 398.

[66] Davis S J, & Caldeira K. Consumption-based accounting of CO_2 emissions. Proceedings of the National Academy of Sciences, 2010, 107 (12): 5687 – 5692.

[67] Erb K H, Haberl H, DeFries R, et al. Pushing the planetary boundaries. Science, 2012, 338 (6113): 1419 – 1420.

[68] Foley J A, Ramankutty N, Brauman K A, et al. Solutions for a cultivated planet. Nature, 2011, 478 (7369): 337 – 342.

[69] Friedlingstein, P, Jones, M. W, O'Sullivan, M, Andrew, R. M, et al. (2022). Global carbon budget 2021. Earth System Science Data, 14 (4), 1917 – 2005.

[70] Fu B, Li B, Gasser T, et al. The contributions of individual countries and regions to the global radiative forcing. Proceedings of the National Academy of Sciences, 2021, 118 (15): e2018211118.

［71］ Fuso Nerini F, Sovacool B, Hughes N, et al. Connecting climate action with other Sustainable Development Goals. Nature Sustainability, 2019, 2 (8): 674 – 680.

［72］ Galaz V. Planetary boundaries concept is valuable. Nature, 2012, 486 (7402): 191 – 191.

［73］ Gillett, N. P, Kirchmeier – Young, M, Ribes, A, et al. Constraining human contributions to observed warming since the pre – industrial period. Nature Climate Change, 2021, 11 (3): 207 – 212.

［74］ Grafakos S, Trigg K, Landauer M, et al. Analytical framework to evaluate the level of integration of climate adaptation and mitigation in cities. Climatic Change, 2019, 154 (1): 87 – 106.

［75］ Hanson S E, Nicholls R J. Demand for ports to 2050: Climate policy, growing trade and the impacts of sea-level rise. Earth's Future, 2020, 8 (8): e2020EF001543.

［76］ Haug, G. H, Gunther, D, Peterson, L. C, et al. Climate and the collapse of maya civilization. Science, 2003, 299: 1731 – 1735.

［77］ Hawker L, Neal J, Bates P. Accuracy assessment of the TanDEM – X 90 Digital Elevation Model for selected floodplain sites. Remote Sensing of Environment, 2019, 232: 111319.

［78］ Hoekstra, A. Y, Wiedmann, T. O. Humanity's unsustainable environmental footprint. Science, 2014, 344 (6188): 1114 – 1117.

［79］ Holling C. Understanding the complexity of economic, ecological, and social systems. Ecosystems, 2001, 4 (5): 390 – 405.

［80］ ICSU. The International Council for Science and Climate Change: 60 years of facilitating climate change research and informing policy. Paris: International Council for Science (ICSU), 2015.

［81］Idso C, Singer S F. Climate Change Reconsidered: 2009 Report of the Nongovernmental Panel on Climate Change (NIPCC). Chicago, IL: The Heartland Institute, 2009.

［82］IPCC. 2018. Summary for Policymakers. In: Global Warming of 1.5℃. An IPCC Special Report on the impacts of global warming of 1.5℃ above pre-industrial levels and related global greenhouse gas emission pathways, in the context of strengthening the global response to the threat of climate change, sustainable development, and efforts to eradicate poverty. Cambridge University Press, Cambridge, UK and New York, NY, USA.

［83］IPCC. 2021. Climate Change 2021: The Physical Science Basis. Contribution of Working Group I to the Sixth Assessment Report of the Intergovernmental Panel on Climate Change. Cambridge University Press, Cambridge, United Kingdom and New York, NY, USA. In Press.

［84］IPCC. 2022a. Climate Change 2022: Impacts, Adaptation, and Vulnerability. Contribution of Working Group II to the Sixth Assessment Report of the Intergovernmental Panel on Climate Change. Cambridge University Press, Cambridge, United Kingdom and New York, NY, USA. In Press.

［85］IPCC. 2022b. Climate Change 2022: Mitigation of Climate Change. Contribution of Working Group III to the Sixth Assessment Report of the Intergovernmental Panel on Climate Change. Cambridge University Press, Cambridge, UK and New York, NY, USA. In Press.

［86］IPCC. Climate change 2013：The physical science basis. Cambridge：Cambridge University Press，2013.

［87］IPCC. Climate change 2014：summary for policymakers ［R/OL］. 2015. ［2018 - 01 - 10］. https：//ipcc. ch/pdf/assessment-report/ar5/syr/AR5_SYR_FINAL_SPM. pdf.

［88］Keilman，N. Modelling education and climate change. Nature Sustainability，2020，3（7）：497 - 498.

［89］Knutti R，Rogelj J，Sedláek J，et al. A scientific critique of the two - degree climate change target. Nature Geoscience，2016，9（1）：13 - 18.

［90］Kukla G J，Matthews R K. When will the present interglacial end? Science，1972，178（4057）：190 - 191.

［91］Lal R. Soil carbon sequestration impacts on global climate change and food security. Science，2004，304（11）：1623 - 1627.

［92］Leclère D，Havlík P，Fuss S，et al. Climate change induced transformations of agricultural systems：Insights from a global model. Environmental Research Letters，2014，9（12）：124018.

［93］Lewis S L. We must set planetary boundaries wisely. Nature，2012，485（7399）：417 - 417.

［94］Liu J，Dietz T，Carpenter S，et al. Complexity of coupled human and natural systems. Science，2007，317（5844）：1513 - 1516.

［95］Liu J，Hull V，Batistella M，et al. Framing sustainability in a telecoupled world. Ecology and Society，2013，18（2）：26.

［96］Liu J. Integration across a metacoupled world. Ecology and

Society, 2017, 22 (4): 29.

［97］Liu, Z, Deng, Z, He, G, et al. Challenges and opportunities for carbon neutrality in China. Nature Reviews Earth & Environment, 2021, 1－15.

［98］Luo, Y, Yang, D, O'Connor, P, et al. Dynamic characteristics and synergistic effects of ecosystem services under climate change scenarios on the Qinghai－Tibet Plateau. Scientific Reports, 2022, 12 (1): 1－15.

［99］Manabe, S, Strickler, R. F. Thermal equilibrium of the atmosphere with a convective adjustment. Journal of the Atmospheric Science, 1964, 21 (4): 361－385.

［100］Mann M E, Bradley R S, Hughes M K. Global-scale temperature patterns and climate forcing over the past six centuries. Nature, 1998, 392 (6678): 779－787.

［101］Marotzke J, Jakob C, Bony S, et al. Climate research must sharpen its view. Nature Climate Change, 2017, 7 (2): 89－91.

［102］McIntyre S, McKitrick R. Hockey sticks, principal components, and spurious significance. Geophysical Research Letters, 2005, 32 (3).

［103］McNamara K E, Buggy L. Community-based climate change adaptation: A review of academic literature. Local Environment, 2017, 22 (4): 443－460.

［104］Mechler R, Singh C, Ebi K, et al. Loss and Damage and limits to adaptation: Recent IPCC insights and implications for climate science and policy. Sustainability Science, 2020, 15 (4): 1245－1251.

［105］Miettinen J, Shi C, Liew S C. Deforestation rates in insular Southeast Asia between 2000 and 2010. Global Change Biology, 2011, 17（7）: 2261 – 2270.

［106］Mitchell Jr J M. Recent secular changes of global temperature. Annals of the New York Academy of Sciences, 1961, 95（1）: 235 – 250.

［107］Moss R. H, Edmonds J. A, Hibbard K. A, et al. The next generation of scenarios for climate change research and assessment. Nature, 2010, 463（7282）: 747 – 756.

［108］Persson L, Carney Almroth B M, Collins C D, et al. Outside the safe operating space of the planetary boundary for novel entities. Environmental Science & Technology, 2022, 56（3）: 1510 – 1521.

［109］Rito T, Vieira D, Silva M, et al. A dispersal of Homo sapiens from southern to eastern Africa immediately preceded the out-of-Africa migration. Scientific Reports, 2019, 9（1）: 1 – 10.

［110］Rockström J, Steffen W, Noone K, et al. A safe operating space for humanity. Nature, 2009, 461（7263）: 472 – 475.

［111］Romanello M, McGushin A, Di Napoli C, et al. The 2021 report of the Lancet Countdown on health and climate change: Code red for a healthy future. The Lancet, 2021, 398（10311）: 1619 – 1662.

［112］Running S W. A measurable planetary boundary for the biosphere. Science, 2012, 337（6101）: 1458 – 1459.

［113］Ryding, S, Klaassen, M, Tattersall, G. J, et al. Shapeshifting: changing animal morphologies as a response to climatic warming. Trends in Ecology & Evolution, 2021, 36（11）, 1036 – 1048.

［114］ Schleussner C F, Lissner T K, Fischer E M, et al. Differential climate impacts for policy-relevant limits to global warming: The case of 1.5℃ and 2℃. Earth System Dynamics, 2016, 7 (2): 327 – 351.

［115］ Shan Y, Guan D, Zheng H, et al. China CO_2 emission accounts 1997 – 2015. Scientific Data, 2018, 5 (1): 1 – 14.

［116］ Shan Y, Huang Q, Guan D, et al. China CO_2 emission accounts 2016 – 2017. Scientific Data, 2020, 7 (1): 1 – 9.

［117］ Steffen W, Crutzen P J, McNeill J R. The Anthropocene: Are humans now overwhelming the great forces of nature. AMBIO: A Journal of the Human Environment, 2007, 36 (8): 614 – 621.

［118］ Steffen W, Richardson K, Rockström J, et al. Planetary boundaries: Guiding human development on a changing planet. Science, 2015, 347 (6223): 1259855.

［119］ Steffen W, Richardson K, Rockström J, et al. The emergence and evolution of Earth System Science. Nature Reviews Earth & Environment, 2020, 1 (1): 54 – 63

［120］ Su B, Huang J, Fischer T, et al. Drought losses in China might double between the 1.5℃ and 2.0℃ warming. Proceedings of the National Academy of Sciences, 2018, 115 (42): 10600 – 10605.

［121］ Timothy M. Lenton L, Johan R, et al. Climate tipping points-too risky to bet against. Nature, 2019, 575: 592 – 595.

［122］ Trenberth K E, Fasullo J T, Balmaseda M A. Earth's energy imbalance. Journal of Climate, 2014, 27 (9): 3129 – 3144.

［123］ Vihma, T. Effects of Arctic sea ice decline on weather and climate: A review. Surveys in Geophysics, 2014, 35 (5): 1175 – 1214.

[124] Weart S R. The discovery of global warming. Harvard University Press, 2003.

[125] Willner S N, Otto C, Levermann A. Global economic response to river floods. Nature Climate Change, 2018, 8 (7): 594 – 598.

[126] Woodward M, Hamilton J, Walton B, et al. Electric vehicles. Setting a Course for 2030. Deloitte, 2020.

[127] Xu G, Schwarz P, Yang H. Adjusting energy consumption structure to achieve China's CO_2 emissions peak. Renewable and Sustainable Energy Reviews, 2020, 122: 109737.

[128] Yang D, Gao L, Xiao L, et al. Cross-boundary environmental effects of urban household metabolism based on an urban spatial conceptual framework: A comparative case of Xiamen. Journal of Cleaner Production, 2012, 27: 1 – 10.

[129] Yang D, Liu B, Ma W, et al. Sectoral energy-carbon nexus and low-carbon policy alternatives: A case study of Ningbo, China. Journal of Cleaner Production, 2017, 156: 480 – 490.

[130] Yang D, Liu D, Huang A, et al. Critical transformation pathways and socio-environmental benefits of energy substitution using a LEAP scenario modeling. Renewable and Sustainable Energy Reviews, 2021, 135: 110 – 116.

[131] Zalasiewicz J, Waters C N, Williams M, et al. When did the Anthropocene begin? A mid-twentieth century boundary level is stratigraphically optimal. Quaternary International, 2015, 383: 196 – 203.